Thomas de Padova
Schlau nach acht

W0056611

PIPER

Zu diesem Buch

Wo immer wir im Alltag hinschauen, werden wir mit denkwürdigen und rätselhaften Phänomenen konfrontiert: Warum machen schmutzige Lappen sauber? Warum leben Pinguine nur am Südpol? Warum explodieren Eier in der Mikrowelle? Zugegeben, man muss das nicht alles wissen. Aber jede noch so kleine Frage (Warum schnurrt die Katze auf dem Schoß?) weckt den Forschergeist und garantiert Aha-Erlebnisse. Der Wissenschaftspublizist und studierte Physiker Thomas de Padova hat 101 neue Alltagsrätsel ausgewählt und für ihre Lösung die besten Forscher des Landes befragt. Und selbst die kommen über ihre Forschung ins Staunen: Dass das wohlige Schnurren der Katzen ihr Knochenwachstum verbessert und warum es sich lohnt, gelegentlich einen Fisch auszuwringen – kaum zu glauben, aber wahr!

 *Thomas de Padova*, geboren 1965 in Neuwied, hat in Bonn und Bologna Physik und Astronomie studiert und war bis 2005 Wissenschaftsredakteur beim »Tagesspiegel«, für den er nach wie vor seine wöchentliche »Aha«-Kolumne zu Alltagsrätseln schreibt. Sein Buch »Das Weltgeheimnis« über Johannes Kepler und Galileo Galilei wurde 2010 zum »Wissenschaftsbuch des Jahres« in Österreich gewählt. Im Piper Verlag erschienen von ihm außerdem »Die Kinderzimmer-Akademie« und »Wissenschaft im Strandkorb«.

Thomas de Padova

Schlau nach acht

Wissen für den Feierabend

Piper München Zürich

Mehr über unsere Autoren und Bücher:
www.piper.de

Von Thomas de Padova liegen bei Piper vor:
Die Kinderzimmerakademie
Wissenschaft im Strandkorb
Das Weltgeheimnis
Schlau nach acht

Mix
Produktgruppe aus vorbildlich bewirtschafteten
Wäldern und anderen kontrollierten Herkünften
www.fsc.org Zert.-Nr. GFA-COC-001223
© 1996 Forest Stewardship Council
FSC

Originalausgabe
Oktober 2010
© 2010 Piper Verlag GmbH, München
Umschlaggestaltung: semper smile, München
Umschlagabbildung: Images.com / Corbis
Satz: Kösel, Krugzell
Papier: Munken Print von Arctic Paper Munkedals AB, Schweden
Druck und Bindung: CPI – Clausen & Bosse, Leck
Printed in Germany   ISBN 978-3-492-25957-6

INHALT

Wissen im Zoo

Wissen unterm Sonnenschirm

Wissen vor dem Wetterumschwung

Wissen im Haushalt

Wissen unterwegs

Wissen beim Doktor

Wissen vorm Kamin

Wissen unterm Sternenhimmel

VORWORT

Katzen haben einen leisen Gang. Sie vermeiden Geräusche. Auch als Stubentiger gehen sie auf den Zehen und setzen die hintere Pfote genau an die Stelle der vorderen. Ihre Spur ist eine fast gerade Linie.

Albert Einstein mochte die Samtpfoten. In Princeton war er von lauter Katzen umgeben. Seine Schwiegertochter Margot holte ein Tier nach dem anderen ins Haus, bis ihre Zahl schließlich auf 30 gestiegen war. Sie schlichen sich unbemerkt in sein Arbeitszimmer und stahlen sich genauso unbemerkt wieder davon. »Man hat den Eindruck«, so Einstein, »dass die moderne Physik auf Annahmen beruht, die irgendwie dem Lächeln einer Katze gleichen, die gar nicht da ist.«

Für Einstein symbolisierten Katzen das Geheimnisvolle und Unergründliche. In seiner Gedankenwelt streunten quantenphysikalische Wesen wie »Schrödingers Katze« herum. Das Tier war zur selben Zeit tot und lebendig und stand sinnbildlich für die Unschärfe der Begriffe in einer Forschung, in der es keine letzten Gewissheiten gibt. Ganz plötzlich tauchten Katzen manchmal auch auf, wenn zwischen dem weltberühmten Physiker und dem Laienpublikum schier unüberbrückbare Gräben zu überspringen waren. So etwa, als Einstein die Funktionsweise eines Radios erklären wollte: »Sehen Sie, drahtgebundene Telegrafie ist so etwas wie eine sehr, sehr lange Katze. Sie ziehen in New York am Schwanz und hören es in Los Angeles miauen.

Verstehen Sie?« Ein Radio funktioniere genauso. »Sie senden Ihre Signale von hier aus, und dort empfangen Sie sie. Der einzige Unterschied ist, dass da keine Katze ist!«

Schon wieder so eine Katze, die da ist und doch nicht da ist! Wieder geht es um die Illusion des Verstehens, um das bis zuletzt Rätselhafte, darum, dass jede neue Einsicht zugleich neue Fragen aufwirft. »Das Wichtigste im Leben ist, nicht aufzuhören, Fragen zu stellen«, so Einstein. Er selbst war ein Pionier des Fragens und hatte sichtlich Spaß daran, die Welt auf diese Weise zu erkunden. »Wie wäre es, wenn man hinter einem Lichtstrahl herliefe? Wie, wenn man auf ihm ritte? ... Wenn man schnell genug liefe, würde er sich dann überhaupt nicht mehr bewegen?« Der Physiker, der das Universum auf einem Lichtstrahl reitend durcheilte, dachte viel darüber nach, was Gleichzeitigkeit bedeutet und wie sich zwei Uhren synchronisieren lassen. Solche scheinbar einfachen Fragen öffneten ihm das Fenster zur Relativitätstheorie.

So tiefschürfend wie Einsteins Physik ist dieses Buch nicht. Aber auch hier geht es darum, die Welt fragend zu erforschen, eine Brücke von alltäglichen Beobachtungen zur Wissenschaft zu schlagen. Es versteht sich als Einladung an alle, die vielleicht ein wenig Scheu vor Relativitätstheorie oder Quantenphysik haben, aber etwas von dem verstehen möchten, was in unserem Körper vor sich geht und was um uns herum passiert.

Wo immer wir hinschauen, werden wir mit denkwürdigen Phänomenen konfrontiert: Warum haben wir morgens Sand im Auge? Warum werden Haare elektrisch? Warum können Papageien sprechen? Warum explodieren Eier in der Mikrowelle? Zugegeben, man muss das nicht alles wissen. Im Alltag hält uns vieles davon ab, all den kleinen Rätseln nachzugehen. Doch was mit einer Frage beginnt, kann in lustvolle Neugier umschlagen.

Warum etwa ist es im Winter kalt? Grämen Sie sich nicht, wenn Sie nicht gleich eine Antwort parat haben. Selbst unter Akademikern hat sich das Wissen um derartige astronomische Zusammenhänge kaum verbreitet, wie eine Befragung von Harvard-Absolventen ans Licht brachte. Die meisten von ihnen hatten immerhin schon einmal gehört, dass die Bahn der Erde um die Sonne kein Kreis, sondern eine Ellipse ist. Entsprechend fiel ihre Antwort aus: Im Winter wäre die Erde eben weiter von der Sonne entfernt. Stimmt das? Wenn das richtig wäre, dann müsste der Winter auf Nord- und Südhalbkugel zur selben Zeit anbrechen, also in Deutschland und in Argentinien gleichzeitig, was bekanntermaßen nicht der Fall ist. Was also ist der Grund für den Wechsel der Jahreszeiten?

»Das Wichtigste im Leben ist, nicht aufzuhören, Fragen zu stellen.« – Die meisten großen Philosophen haben uns nicht durch ihre Antworten bereichert, sondern durch ihre Fragen. Gerade da, wo eine Antwort nicht sofort zu finden ist, öffnen sich neue Horizonte. Nehmen wir ein anderes Beispiel, das Wissenschaftler noch heute beschäftigt: »Warum schnurren Katzen?« Wenn Kinder eine solche Frage stellen, können wir uns ihrer Neugier anschließen. Auch wenn wir selbst die Antwort nicht kennen, können wir gemeinsam mit ihnen auf Entdeckungsreise gehen: »Du meinst also, deine Katze schnurrt, wenn sie sich wohlfühlt? Wie kommst du darauf? Schnurrt sie vor allem dann, wenn sie auf deinem Schoß liegt?«

In diesem Buch stehen einschlägige Experten Rede und Antwort: der Leiter einer Klinik für kleine Haustiere, Meteorologen und Weltraumwissenschaftler, Spezialisten für elektrostatische Aufladungen oder Papageienforscher. Die wöchentliche Kolumne »Aha« auf den Wissenschaftsseiten des »Tagesspiegel«, Grundlage für dieses Buch, lebt von der Vielfalt ihrer Fach- und Spezialgebiete. Sie testen das Rollverhalten von Vogeleiern, schäumen Beck's Pils und Jever

Dark mit Ultraschall auf und wissen, warum es sinnvoll sein kann, Fische auszuwringen. Auch sie haben längst nicht jedes Geheimnis gelüftet. Aber ihre unterschiedlichen Perspektiven laden dazu ein, das Gewohnte und Vertraute einmal mit anderen Augen zu betrachten: ob am Morgen vorm Badezimmerspiegel oder nach Feierabend am Stammtisch.

WISSEN VORM BADEZIMMERSPIEGEL

Warum können Schwämme laufen?

Der Gemeine Badeschwamm, Spongia officinalis, gehört zu den beliebtesten Haustieren. Sein weiches Skelett macht ihn zum Kuscheltier par excellence. Und doch gibt es kaum ein Lebewesen, über dessen Natur so wenig bekannt ist.

Viele Menschen halten den Schwamm für eine Pflanze. Haben auch Sie so gedacht? Schwamm drüber! Im Unterschied zu anderen Tieren besitzt dieser tatsächlich weder Muskeln noch Sinnesorgane, er hat nicht einmal ein Nervensystem. Erst im 19. Jahrhundert stellten Forscher bei mikroskopischen Untersuchungen zweifelsfrei fest, dass es sich hier um einen tierischen Mehrzeller handelt.

Gerade weil Schwämme so einfach gebaut sind, haben sie Hunderte Millionen Jahre überlebt. Über Kammern und Röhren in ihrem Körper filtern sie unentwegt Nährstoffe aus dem sie durchströmenden Wasser. Damit dieser Fluss in Gang gehalten wird, sind an den Innenwänden der Kammern Geißelzellen aktiv und schlagen mit ihren Fortsätzen.

Trotz dieser primitiven Ausstattung können Schwämme laufen. Dass der Trickfilmheld Spongebob da keine Ausnahme bildet, hat Michael Nickel von der Universität Jena bei Zeitrafferaufnahmen nachgewiesen: Der kleine Schwamm Tethya wilhelma zum Beispiel wandert mit zwei bis drei Millimetern pro Stunde über eine Glasplatte. Für einen Schwamm ein Rekordtempo. Keine Beine, keine Muskeln – und er bewegt sich doch!

»Die eigentliche Bewegung findet im Gewebe statt«, so Nickel. Das Innere des Schwamms ist ein lockerer Verbund aus mobilen Zellen, die Nährstoffe transportieren oder Kollagen absondern. »Diese Zellen können ihn in Bewegung versetzen.« Wie eine Wanderdüne kommt der Schwamm ins Rollen: Hinten löst er sich vom Boden ab, vorne haftet sein Körper wieder an.

Rätselhaft bleibt, wie die koordinierte Aktion vonstatten geht. »Der Schwamm benutzt wohl eine Art Vorläufer des

Nervensystems, bei dem die chemischen Botenstoffe nicht über einen synaptischen Spalt ausgetauscht werden, sondern längere Wege zurücklegen müssen.« Nickel vermutet, dass sich nahezu alle Schwämme derart fortbewegen können, etwa um günstigere Strömungsbedingungen aufzusuchen. Zumindest, so lange sie jung und klein sind.

Ein faustgroßer Badeschwamm ist in der Regel erst wenige Jahre alt und hatte seinen Platz in dieser Welt vielleicht noch gar nicht gefunden. Basketballgroß, wäre er schon einige Hundert Jahre alt und aller Wahrscheinlichkeit nach sesshaft. Bis zu zwei Meter Umfang misst der im südlichen Polarmeer beheimatete Riesenschwamm Scolymastra joubini. Er gilt als ältestes Tier der Welt. Wissenschaftler schätzen sein Alter wegen seines geringen Stoffwechsels und Wachstums auf etwa 10 000 Jahre. Damit wäre der antarktische Methusalem mehr als doppelt so alt wie die ältesten bekannten Bäume, die Langlebigen Grannen-Kiefern in den kalifornischen White Mountains.

Und der kleine Badeschwamm? Noch jung und flügge? Keine Sorge, im Bad stiehlt sich kein Schwamm davon. Was im Handel unter Naturschwamm läuft, ist nur noch das leblose, weiche, sonnengetrocknete und gebleichte Skelett dieses wunderlichen Tieres.

Warum haben alte Menschen so große Ohren?

Warum hat Großmutter so große Ohren? Das konnte schon der listige Wolf dem Rotkäppchen plausibel machen: Damit sie besser hören kann!

Tatsächlich haben Forscher bei der Vermessung von 1500 Berliner Ohrmuscheln festgestellt, dass Ohren bis ins hohe Alter wachsen. Sie wachsen vor allem in die Länge. Und es gibt guten Grund zu der Annahme, dass auf diese Weise ein Teil des altersbedingten Hörverlustes ausgeglichen werden kann.

Unsere Körperproportionen ändern sich von Jahr zu Jahr, am schnellsten während der Kindheit. Ein Neugeborenes hat nicht einmal ein Drittel der Körpergröße, die es im Erwachsenenalter erreichen wird. Im Vergleich dazu ist der Kopf eines Babys riesig. Noch größer sind seine Ohren, obschon sie im engen Geburtskanal eher hinderlich sind.

Die große Ohrmuschel hat eine von Beginn an wichtige Funktion: Sie zerlegt den Schall in zwei Anteile. Der innere Bereich der Ohrmuschel, in den Jugendliche ihre Kopfhörer stecken, leitet den Schall direkt zum Trommelfell weiter. Die weiter außen eintreffenden Schallwellen nehmen dagegen einen Umweg über die eingerollte Ohrkrempe. Dieses zweite Signal kommt Bruchteile einer Millisekunde später im Innenohr an.

Weil das Ohr so komplex geformt ist und viele kleine Erhebungen und Vertiefungen als Resonatoren besitzt, variiert das verzögerte Signal stark je nach Richtung der Schallquelle. So können wir auch mit einem Ohr feststellen, woher ein Geräusch kommt.

Leider lässt das Hörvermögen mit der Zeit rapide nach. Babys nehmen Frequenzen von bis zu 20 000 Hertz wahr, auch deshalb sprechen Erwachsene – »Ach, wie süß!« – gerne mit hoher Stimme zu ihnen. Schon mit 20 liegt diese Schwelle viel niedriger und nimmt mit fortschreitendem Alter immer mehr ab, was sich Schüler in den USA gelegentlich zunutze machen: Sie verwenden Klingeltöne mit sehr hohen Frequenzen von 17 000 Hertz und mehr, um während des Unterrichts, von den Lehrern unbemerkt, Botschaften per SMS empfangen zu können.

Wie schnell die obere Frequenzgrenze sinkt, ist von Mensch zu Mensch verschieden. Beeinträchtigt wird dabei auch das Richtungshören, das mit der Tonhöhe arbeitet. »Das Ohr wächst weiter, weil wir auf diese Weise einen Teil des Hörverlustes kompensieren können«, vermutet Carsten Niemitz, Humanbiologe und Anthropologe an der

Freien Universität Berlin. Er und sein Team haben Berliner Ohren von Jung und Alt vermessen. Dabei fanden sie heraus, dass lediglich der äußere Teil der Ohrmuschel noch bis ins hohe Alter hinein breiter und vor allem länger wird. »Während das Babyohr rund ist, ist das alte Ohr lang.«

Vom Wachstum der Ohren einmal abgesehen, lässt uns die Last der Jahre zusammensacken. Sie drückt auf die Bandscheiben, die langsam, aber sicher austrocknen. Wir werden kleiner. »Würde das Skelett so weiter wachsen wie das Ohr«, so Niemitz, »dann wären deutsche Männer im Alter von 80 Jahren im Schnitt 2,29 Meter groß.«

Warum finden wir morgens Sand im Auge?
Zuerst leisten die Lider noch Widerstand gegen die lästigen Lichtstrahlen des Tages. Jetzt schon die Augen aufschlagen? Ist es nicht viel zu früh, um die Jalousien zu hissen? Irgendwann sitze ich dann auf der Bettkante und reibe mir den Schlaf aus den Augenwinkeln: einen weißlichen Sand, der sich zwischen den Fingerkuppen in Nichts auflöst, als hätte es die nächtliche Abwehrschlacht unterm Lid nie gegeben.

Ein neuer Tag. Von nun an wischen die Augenlider wieder zehn bis zwölf Mal in jeder Minute über die Hornhaut. Mit reflexartigen Bewegungen verteilen sie einen hauchdünnen Tränenfilm auf dem Auge. In der Regel blinzeln wir etwa doppelt so oft wie nötig. So bleibt das Auge ständig benetzt. Starrt man dagegen zu lange auf einen Computerbildschirm, verringert sich der Lidschlag, die Tränenflüssigkeit verdunstet ungehindert und der schützende Tränenfilm kann stellenweise aufreißen. Die Lider fahren dann über trockene Abschnitte der Hornhaut, die Nerven auf der Augenoberfläche werden gereizt.

Tag für Tag erzeugen die Hauptränendrüsen etwa einen halben Liter Flüssigkeit. Die Tränenflüssigkeit ist mit Proteinen und Elektrolyten angereichert und gelangt über winzige Gänge zum Auge. Wenn uns die Augen zufallen, sinkt die Produktion, denn hinter geschlossenen Lidern verdunstet die Flüssigkeit nicht mehr. So entsteht nachts eine feuchte, warme Kammer.

»Für Bakterien ist das sehr angenehm«, sagt Erich Knop, Leiter des Forschungslabors der Universitäts-Augenklinik am Berliner Virchow Klinikum. »In dem Tränensee finden sie viel zu fressen und vermehren sich ungehemmt.« Auch tagsüber sind diese mehrheitlich harmlosen Bakterien aktiv. Als nützliche Besiedler des Auges halten sie das Immunsystem in Gang und nehmen anderen, gefährlichen Mikroorganismen die Nahrung weg.

Nachts können sie allerdings überhand nehmen. Damit wir nicht jeden Morgen mit einer bakteriellen Infektion und roten Augen aufwachen, müsse deshalb die Immunabwehr intakt bleiben, so Knop. »Obwohl also der wässrige Anteil der Tränen abnimmt, bleibt die Menge der funktionellen Inhaltsstoffe wie Salze und Proteine, vor allem Immunglobulin A, auch über Nacht gleich.«

Im Abwehrkampf gegen die Bakterien kommt auch unsere Körperpolizei zum Einsatz: weiße Blutkörperchen, die Bakterien fressen, dabei jedoch selbst zugrunde gehen. Ihre Zelltrümmer bilden zusammen mit zahlreichen Proteinen einen feinen weißen Gries. Findet man ihn am Morgen im Augenwinkel, ist das ein untrügliches Zeichen dafür, dass sich über Nacht viele Sandmännchen für uns verausgabt haben.

Warum kratzen wir uns, wenn's juckt?

Jucken kann unerträglich werden. Dann reiben wir uns den Rücken am Türrahmen und fordern unseren Partner dazu auf, seine Krallen zu zeigen. »Ein bisschen tiefer! Ja, genau da! Aaahh!«

Die Ursachen für Juckreiz sind zahlreich: Ekzeme, Insektenstiche, Allergien. Mediziner haben festgestellt, dass in solchen Fällen spezielle Rezeptoren in der Haut anspringen. Nach einem Mückenstich etwa reagieren Nerven-Enden auf das von unserem Körper freigesetzte Histamin. Von diesem Botenstoff aktiviert, senden die Nervenfasern Signale zum Rückenmark.

Die Antwort folgt reflexartig. Wir verspüren den unwiderstehlichen Drang, uns an der entsprechenden Stelle zu kratzen. Das hilft zunächst, denn schmerzhaftes Kratzen unterdrückt den Juckreiz.

»Auf der Ebene des Rückenmarks sind Schmerz und Juckreiz Antagonisten«, sagt Martin Schmelz, Neurophysiologe und Schmerzforscher der Universität Heidelberg. »Schmerz hemmt nicht nur den Juckreiz, es funktioniert auch andersherum: Wird die Schmerzverarbeitung etwa bei einer Teil-Rückenmarksnarkose unterdrückt, bekommen die Patienten einen gürtelförmigen Juckreiz.«

Und das Kratzen kann geradezu rauschhaft werden. »Es ist, als bekämen wir eine Belohnung dafür, etwas zu tun, was eigentlich unangenehm oder sogar schädlich ist.« Denn wer lange und heftig kratzt, macht die Entzündung noch schlimmer. Warum also fordert uns der eigene Körper zu einer Maßnahme auf, die allenfalls kurzfristige Linderung verspricht?

Obschon wir heute beim Jucken eher an Allergien denken als an Flöhe, Zecken oder Krätzmilben, hat sich der Kratzreflex im Lauf der Evolution vermutlich durchgesetzt, weil Kratzen die Chance erhöht, Parasiten von der Haut zu entfernen. Sie sollten sich möglichst nicht darin einnisten.

Daneben handelt es sich wohl auch um einen Kontrollmechanismus, der Phantomempfindungen stoppt. Forscher haben die Nervenfasern in der Haut mit einzelnen Nadeln der Juckbohne gereizt. Diese Nadeln sind so fein, dass sie nur ein winziges Hautareal erregen. Der Kratzreflex bleibt dennoch nicht aus, ähnlich der Situation, in der wir uns schon bei leichtem Kribbeln über die Haut streichen.

Missempfindungen der Haut sind häufig. Womöglich wird deshalb die Alarmschwelle immer wieder neu festgelegt. »Mit dem Kratzen gibt sich das Nervensystem eine Art Reset«, so Schmelz. Wenn sich unser Signalsystem nicht sicher ist, ob wirklich ein Reiz vorliegt, wird mit dem Kratzreflex überprüft, ob die Sensoren in der Haut noch alle in Ordnung sind.

Warum machen Querstreifen dick?

»Da müssen Sie Obelix fragen«, antwortet eine Expertin für visuelle Informationsverarbeitung. Auch ihr Kollege, Wahrnehmungspsychologe an derselben Universität, kommt ohne Umschweife auf die blau-weißen Hosen des Galliers zu sprechen, der den Stoff für seine Kleidung wohl einst frei nach der Devise »Längsgestreift macht schlank« wählte. Stimmt das? »Ein schönes Thema für eine Diplom- oder Masterarbeit«, lacht der Leiter eines Instituts für kognitive Psychologie und versichert mir, bisher gebe es dazu keine verlässlichen Studien.

Ein Streifzug durch die Welt der Wissenschaft bringt immerhin ans Licht, dass der naive Glaube, die Dinge seien so, wie wir sie sehen, nicht stimmt. Das eigene Auge kann uns täuschen, auch bei der Betrachtung von Quer- und Längsstreifen.

Horizontale und vertikale Reize werden von unserem Gesichtssinn unterschiedlich verarbeitet. So ist zum Beispiel bei fixiertem Blick das Feld gleicher Sehschärfe in horizontaler Richtung größer als in vertikaler. Auch seien Blickbewegungen nach rechts und links weit häufiger und erfolgten mit weiteren Amplituden als Blickbewegungen nach unten oder gar nach oben, sagt Jochen Müsseler, Kognitionspsychologe an der Rheinisch-Westfälischen Technischen Hochschule Aachen.

All dies bestimmt unsere Wahrnehmung. Eine Folge: Wir überschätzen vertikale Strecken. Fachleute sprechen deshalb von der »Horizontal-vertikal-Täuschung«. Versuchen Sie doch einmal, ein Quadrat auf ein Blatt Papier zu zeichnen. Beim Nachmessen stellen die meisten Probanden fest, dass die senkrechten Linien zu kurz geraten sind. Unterteilen Sie das Quadrat in der Mitte nun noch einmal durch eine vertikale Linie. Es wirkt dann schmaler, als wenn Sie eine horizontale Mittellinie einzeichnen. Oder vermessen Sie die Höhe eines Türrahmens mit einem Zollstock und legen diesen dann auf den Fußboden. Sie werden ins Zweifeln geraten, ob es sich wirklich um gleichlange Strecken handelt.

Es ist daher plausibel, dass wir auch Quer- und Längsstreifen auf Kleidung unterschiedlich wahrnehmen. »Ein quergestreifter Pullover könnte deswegen bei gleicher Breite dicker machen als ein längsgestreifter Pullover, weil die Längsstreifen seinen Träger länger erscheinen lassen oder zumindest die Proportionen seines Rumpfes verändern«, so Müsseler. Der Nadelstreifenanzug ist ein schönes Beispiel dafür, wie wir dieses Phänomen vorteilhaft ausnutzen. Dagegen tragen Bodybuilder gerne T-Shirts mit einem Schriftzug auf der Brust. Folgen wir der Schrift mit dem Blick von links nach rechts, entsteht der Eindruck eines breiten Brustkorbs.

Modemacher spielen gerne mit optischen Effekten – etwa der Müller-Lyer-Täuschung bei der Nahtführung von Kleidern, um einen Körper länger oder kürzer erscheinen zu lassen, oder mit Farbgebungen, die die Taille schlanker und das Dekolletee üppiger machen. Ob Längs- oder Querstreifen den Körper strecken oder verbreitern, hängt allerdings auch vom Schnitt, den Farben und der Streifenbreite ab. Sehr breite Querstreifen zum Beispiel unterteilen ein Kleidungsstück in verschiedene Partien. Sie können daher von Problemzonen ablenken.

Warum haben Männer Brustwarzen?

Um dem exklusiven Club der Säugetiere zugerechnet zu werden, genügen dem weiblichen Geschlecht normalerweise ein paar Zitzen. Die Milch macht's. Katzen, Kaninchen und Schweine haben viele Zitzen, sie werfen mehrere Junge. Selbst Elefantenkühe besitzen zwei Zitzen, obschon sie meist einzelne Junge zur Welt bringen.

Frauen haben ebenfalls zwei Brüste. Das reicht, einstweilen. Trotz einer Zunahme von Mehrlingsschwangerschaften konkurrieren nur drei Prozent der Neugeborenen mit einer Zwillingsschwester oder einem Zwillingsbruder um die Muttermilch. Drillinge sind noch seltener. Glücklicherweise! Väter können beim Stillen nicht mal eben einspringen, obwohl auch sie mit Brustwarzen ausgestattet sind. Denn bei ihnen läuft nichts.

Mit ihren unzweckmäßigen Brustwarzen stehen Männer nicht alleine da. Auch Kater und Rüden haben zur Überraschung mancher Haustierbesitzer Brustwarzen. Ein Fehler im Design?

Der Mann muss sich wohl damit abfinden, dass es zu aufwendig gewesen wäre, eigens für ihn einen Bauplan zu entwerfen. Zwei Seelen schlagen in seiner Brust. Soweit bekannt ist, verläuft die Entwicklung männlicher und weiblicher Embryonen in den ersten Wochen nach der Befruchtung völlig identisch. Zwar ist das Geschlecht durch Erbanlagen festgelegt, doch anatomisch gibt es zunächst keine Unterschiede.

»Alle Organe werden bis zur achten Woche angelegt«, sagt Christoph Viebahn, Leiter der Abteilung Anatomie und Embryologie der Universität Göttingen. Auch die Zellen, aus denen Brüste und Brustwarzen hervorgehen, bilden sich in dieser Zeit. »Danach beginnt der Wachstums- und Ausreifungsprozess.«

Von einer spezifisch männlichen Entwicklung kann erst gegen Ende der frühen Embryonalphase die Rede sein. Eines der Gene auf dem Y-Chromosom löst nun die Bildung der Hoden aus. Diese produzieren Testosteron, das die Entstehung von Samenleitern und Nebenhoden einleitet.

Zusammen mit anderen Hormonen gibt Testosteron das eigentliche Signal für ein Umschwenken auf Männlichkeit. Hormone sorgen auch dafür, dass die »Müllerschen Gänge« verkümmern, aus denen sonst Eileiter, Scheide und Gebärmutter heranwachsen würden. Dagegen haben die Brustwarzen bereits angefangen, sich zu entwickeln. Sie sind ziemlich resistent gegen die Hormone, die die männliche Entwicklung vorantreiben. So bleiben die Brustwarzen dem Mann ein Leben lang erhalten.

Aber warum verschwinden sie nicht wieder? Viebahn vermutet, die Einrichtung eines entsprechenden Rückbildungsmechanismus' wäre zu gefährlich. Durch unser evolutionäres Erbe sind männliche und weibliche Entwicklung zu eng verknüpft und Milch spendende Brustdrüsen lebensnotwendig für den Nachwuchs. Und damit für die Erhaltung der Art.

Warum vertauscht ein Spiegel rechts und links?

Wenn die Tage kürzer werden, verliert sich die Welt schon am Nachmittag in der Dunkelheit, das Fenster vor meinem Schreibtisch verwandelt sich in einen Spiegel. Fensterglas ist nicht völlig transparent. Es wirft etwa acht Prozent des Lichts zurück. Das merkt man tagsüber nicht. Erst in der Dunkelheit wird die Reflexion sichtbar.

Genauso wie der Badezimmerspiegel vertauscht das spiegelnde Fenster vorne und hinten. Ich sehe darin ein umgedrehtes Telefon und die Rückseite des Computerbildschirms. Zeige ich mit dem Arm nach vorne, zeigt das Spiegelbild in die umkehrte Richtung, zeige ich dagegen nach Westen, macht mein Spiegelbild das Gleiche.

Die Konfrontation mit dem eigenen Spiegelbild hat etwas sehr Direktes: Ich betrachte mich nun selbst so von außen, wie andere mich wahrnehmen. Sehen und Erkennen führen daher zu einem eigenartigen Doppelspiel der Reflexion:

»Dadurch, dass ich mich selbst im Spiegel sehe, identifiziere ich mich stärker mit dem Spiegelbild und mache im Geiste eine Pirouette um 180 Grad«, sagt Heiko Hecht, Leiter der Abteilung für experimentelle Psychologie an der Universität Mainz. »Das interpretieren wir dann als Vertauschung von rechts und links.« Doch die Spiegelfläche wirft das Licht lediglich zurück. Statt rechts und links vertauscht sie hinten und vorne.

Ähnlich ist es, wenn die Spiegelfläche parallel zum Boden verläuft. Eine ruhige Wasserfläche kann auch zum Spiegel werden. Auch sie reflektiert Lichtstrahlen und kehrt ihre Richtung um. Da die Spiegelfläche nun horizontal ausgerichtet ist, werden für den Betrachter oben und unten vertauscht. Daher liegt die gespiegelte Spitze eines Baumes tief unten am Grund des Sees, der Baum scheint auf dem Kopf zu stehen.

Wie aber ist es mit der Spiegelung der Schrift? Wenn ich ein Blatt Papier beschreibe und es vor den Badezimmerspiegel halte, werden dann nicht sehr wohl rechts und links vertauscht?

Richtig! Aber das passiert nur, weil ich das Blatt zuvor umdrehe. Benutze ich stattdessen eine transparente Folie, schreibe darauf »Jetzt nicht umdrehen!« und halte sie hoch, kann ich die Zeile auch im Spiegel lesen.

Und was ist mit der Spiegelschrift? Um eine Spiegelschrift wie die von Leonardo da Vinci zu entziffern, hält man einen Spiegel an die Längsseite des beschriebenen Blattes, sodass seine Außenkante zum Betrachter zeigt. So verwendet, vertauscht der Spiegel tatsächlich rechts und links – im Hinblick auf die Spiegeloberfläche aber wieder nur vorne und hinten.

Warum gibt es mehr Rechts- als Linkshänder?

Papageien können ihre Füße wie Hände benutzen. Da – was für Vögel ungewöhnlich ist – jeweils zwei ihrer Zehen nach hinten und zwei nach vorne zeigen, sind sie in der Lage, nach Früchten und Gegenständen zu greifen und sie geschickt zu bearbeiten. Dabei ist der eine Fuß eher Stand-, der andere eher Greiffuß, es gibt Rechts- und Linksfüßer unter ihnen. So kann sich jeder Fuß und damit jede Gehirnhälfte auf bestimmte Aufgaben spezialisieren. Kein anderes Tier ist dem Menschen in dieser Hinsicht so ähnlich.

Homo sapiens hat seit jeher eine Präferenz für die rechte Hand. »Selbst Vormenschen vor 2 bis 2,5 Millionen Jahren waren vorwiegend Rechtshänder«, sagt Onur Güntürkün, Leiter des Instituts für Kognitive Neurowissenschaft der Universität Bochum. Anhand von Steinsplittern haben Forscher nachweisen können, dass schon bei der Herstellung der ersten bekannten Steinwerkzeuge Rechtshänder in der Mehrheit waren. »Man sieht das auch sehr schön an Höhlenmalereien, etwa in Kimberley in Australien.« Demnach wurden vor 40 000 Jahren 85 bis 90 Prozent der Feinmanipulationen mit rechts ausgeführt.

Die Rechtshänder-Quote ist seither ziemlich stabil. Allerdings waren westliche Gesellschaften gegenüber Linkshändern zeitweise ausgesprochen intolerant. Diese wurden meist umgeschult, denn Linkshändigkeit galt als Zeichen von Schwäche. »In den letzten 80 Jahren hat sich der Prozentsatz der Linkshänder jedoch wieder von 3 bis auf etwa 15 Prozent erhöht«, so der Psychologe.

Die drastische Präferenz für die rechte Hand hängt mit der Arbeitsteilung der beiden Gehirnhälften zusammen. So wird die rechte Hand von unserer linken Hirnhälfte gesteuert, die vor allem für das analytische Denken zuständig ist. Dieses Zusammenspiel ist anscheinend bei solchen Aufgaben vorteilhaft, die eine hohe Präzision erfordern.

Filmaufnahmen des Verhaltensforschers Irenäus Eibl-Eibesfeldt in Zentralafrika belegen, dass sich in vorindustriellen Gesellschaften die Rechtshändigkeit im Alltagsleben nicht so deutlich bemerkbar macht. Doch im Unterschied zur Grobmotorik ist unsere Feinmotorik, wie sie etwa beim Schreiben trainiert wird, stark asymmetrisch. Offenbar wird also eine kleine genetische Disposition kulturell verstärkt.

Die meisten Forscher gehen davon aus, dass die Präferenz für rechts erblich bedingt ist. Unklar bleibt, ob es ein Gen für die Händigkeit gibt oder ob diese durch andere vererbbare Mechanismen beeinflusst wird.

Warum haben wir morgens Mundgeruch?

Das Thema ist tabu und doch in aller Munde. Denn wer ist nicht schon mal am Morgen mit trockenem Mund und klebriger Zunge aufgewacht und mit dem leisen Verdacht, üble Gerüche auszuströmen? Kann man's wissen? Wir können uns ja selbst kaum riechen. Und so leiden viele Menschen unter Halitophobie: Aus Furcht vor Mundgeruch greifen sie zum Mundwässerchen und bleiben Partys am liebsten fern. Knoblauch im Essen? Ausgeschlossen!

Der Niederländer Antoni van Leeuwenhoek brachte Ende des 17. Jahrhunderts frischen Wind in die Oralmedizin. Nach dem Blick durchs Mikroskop berichtete er an die Royal Society: »In meinem Mund gibt es mehr Lebewesen als Menschen in den Niederlanden.« Das war, wie wir heute wissen, schamhaft untertrieben. Ein Milliliter Flüssigkeit aus dem Mundraum enthält bis zu einer Milliarde Mikroorganismen. Sie tummeln sich auf Zunge, Zahnfleischrand und in Zahnzwischenräumen.

Kaum haben wir am Morgen die Zähne geputzt, da drücken die winzigen Mikroben ihrerseits schon wieder auf die Tube. Streptococcus mutans und Actinomyces naeslundii schicken sich an, ihre Habitate zurückzuerobern. Mehr als 500 verschiedene Arten von Mikroorganismen leben in unserem Feuchtbiotop.

Dem Laien bleibt angesichts solcher Zahlen die Spucke weg. Der Fachmann weiß, dass diese Normalflora ein Stimulus für unser Immunsystem ist. Sie stellt zudem eine Barriere dar, die uns vor Krankheitserregern schützt. Das Ökosystem kann jedoch aus der Balance geraten.

»In der Nacht werden alle Organfunktionen gedrosselt, auch die der Speicheldrüsen«, sagt Andreas Filippi vom Universitätsklinikum für Zahnmedizin in Basel. Während wir tagsüber bis zu anderthalb Liter Speichel produzieren, der Bakterien und ihre Abbauprodukte wegspült, ist der nächtliche Strom gering, der Speichel selbst zäh. »Der Spüleffekt fällt weg.« Bei Menschen, die nachts durch den Mund atmen, wird die Mundhöhle noch trockener.

Unter diesen Umständen gedeihen Bakterien insbesondere im hinteren Abschnitt der Zunge bestens. Sie erzeugen Schwefelverbindungen und Stoffe wie Cadaverin oder Putrescin, die fremde Nasen beleidigen. Ein Frühstück schafft Abhilfe: Getränke und Speisen reinigen den Zungenrücken, der üble Geruch verschwindet.

Wer auch tagsüber unter Mundgeruch leidet, sollte die Ursache dafür ebenfalls nicht im Magen suchen. »90 Prozent des pathologischen Mundgeruchs kommen direkt aus dem Mund«, sagt Filippi. Bei vielen Menschen mit Mundgeruch sei der Zungenbelag dicker, die Bakteriendichte höher. Die Zusammensetzung dieses Biofilms hängt unter anderem von Ernährungsgewohnheiten und der Pflege ab. Neben gründlicher Zahnpflege kann eine regelmäßige Zungenreinigung hilfreich sein. Und zahnärztlicher Rat.

Warum laden sich Haare elektrisch auf?

Der »elektrische Kuss« war im 18. Jahrhundert ein beliebtes Salonvergnügen. Eine Frau stellte sich auf eine Elektrisiermaschine, jeder Versuch, sie zu küssen, wurde mit einem kleinen elektrischen Schlag geahndet.

Elektrisiermaschinen beruhen auf der Reibung zweier Materialien: einem Lederkissen beispielsweise, das über eine rotierende Glasscheibe fährt. Zwischen den Stoffen können Elektronen hin und her wandern, weil verschiedenartige Atome auf unterschiedliche Weise bestrebt sind, Elektronen an sich zu binden.

Bei elektrisch neutralen Atomen ist die Zahl der positiv geladenen Protonen im Atomkern genauso groß wie die der Elektronen in der Atomhülle. Verlieren solche Atome Elektronen oder nehmen welche auf, dann entsteht eine positive oder negative Gesamtladung. Das passiert aber nur, wenn sich unterschiedliche Atome einander bis auf wenige Millionstel Millimeter annähern.

Einen derartigen Kontakt erzeugt man beim Reiben. Ein Luftballon etwa, den man am Pulli reibt, lädt sich auf. Er bleibt dann an der Wand haften. »Die Reibung selbst ist nicht die Ursache der elektrischen Spannung«, sagt Karl Helling, Gründer des Elektrostatik-Instituts Berlin. »Aber man erzeugt dadurch viele Kontaktstellen.«

Am stärksten laden sich Isolatoren auf. Sie haben keine oder eine nur geringe Leitfähigkeit, die ausgetauschten Elektronen machen sich nicht gleich wieder auf und davon und können beim Trennen des Kontakts nicht an ihre vorherigen Plätze zurückfließen. Glas, Gummi oder die alten Schellackplatten sind gute Isolatoren, auch Teppiche, Haare und Kunststoffkämme.

Wenn beim Kämmen Haare und Kamm Elektronen austauschen, zieht der Kamm jedes Haar an. Die Haare untereinander dagegen stoßen sich ab und stehen zu Berge, weil sie alle die gleiche Ladung tragen. Mit fettigen oder feuchten Haaren geschieht das nicht. Wasser zum Beispiel erhöht nämlich die elektrische Leitfähigkeit.

Bei trockener Luft an kalten Wintertagen laden sich Haare und andere Stoffe besonders leicht auf. Dann genügt es, die Mütze abzunehmen oder den Pulli über Kopf auszuziehen, und schon gewinnt die Frisur knisternd an Volumen, die Haare bewegen sich wie die Zilien eines Wimpertierchens. Oder man steigt aus dem Auto, der Mantel reibt über den Sitz, und beim Griff an die Tür bekommt man eine gewischt.

Vor allem die moderne Mikroelektronik sei durch die elektrostatische Aufladung gefährdet, so Helling. Auf einer Intensivstation im Krankenhaus ist das besonders zu beachten. Hier gilt es, schon im Vorfeld darüber nachzudenken, welchen Bodenbelag man verlegt.

Warum sieht man mit zusammengekniffenen Augen schärfer?

Klassenraum, Hörsaal, Bibliothek – sie stehen für lebenslanges Lesen. Das kann nicht gut gehen. Vor allem in jenen Ländern, in denen Kinder früh anfangen zu lesen, hat die Kurzsichtigkeit rapide zugenommen. Auch ich saß gegen Ende meines Hochschulstudiums, ehe ich mir eine Brille zulegte, so manches Mal mit zusammengekniffenen Augen im Theater und griff zum Jagdfernglas meines Großvaters, um die Gesichter der Schauspieler erkennen zu können.

Die Aufgabe, von Nah- auf Fernsicht umzuschalten und umgekehrt, übernehmen unsere Augenlinsen. Sie sind ausgesprochen flexibel, ein Ringmuskel verstärkt ihre Wölbung. Dadurch werden die ins Auge fallenden Lichtstrahlen stärker gebrochen, der Fokus verschiebt sich nach vorne.

Die Linse kann auf diese Weise eine frühkindliche Weitsichtigkeit recht gut ausgleichen. »Bis zu etwa drei Dioptrien Weitsichtigkeit kann bei kleinen Kindern unauffällig bleiben«, so Frank Schaeffel, Leiter der Sektion Neurobiologie des Auges der Universität Tübingen. »Allerdings lesen weitsichtige Kinder nicht so gern, denn die ständige Akkomodation strengt das Auge an.«

Anders bei Kurzsichtigkeit. In diesem Fall müsste die Linse den Fokus nach hinten verschieben, wenn der Blick in die Ferne schweift. Denn bei Kurzsichtigen liegt der Punkt, in dem sich die gebündelten Lichtstrahlen treffen, vor der Netzhaut. Die Strahlen laufen so schon wieder auseinander, ehe sie auf die Retina fallen. Das zerstreute Licht reizt daher nicht nur einen Punkt auf der Netzhaut, sondern ein größeres Areal. Diesen Fehler kann die Linse nicht ausgleichen. Das Vor- und Zurückfokussieren stößt hier an eine anatomische Grenze. Mehr als entspannen kann die Linse nun mal nicht.

Stattdessen kneifen Kurzsichtige, um ferne Gegenstände besser zu sehen, die Augen zusammen. Der Musculus orbicularis oculi zieht an der Lidspalte und verengt sie. So fällt zwar weniger Licht ins Auge, es werden aber vor allem die äußeren Lichtstrahlen ausgeblendet, die von der Linse am stärksten gebrochen werden müssen und das Abbild am meisten verwischen.

Das Blinzeln verkleinert die Zerstreuungskreise auf der Netzhaut. »Man macht die Blende kleiner und erhöht die Tiefenschärfe«, erläutert Schaeffel. Nicht nur Kurzsichtige kennen diesen Effekt: Jeder, der durch ein Nadelloch schaut, sieht schärfer. Das ständige Zusammenkneifen der Augen war übrigens schon den alten Griechen bekannt. Bei ihnen hieß der Kurzsichtige schlicht »Myops« – »Blinzelgesicht«.

WISSEN AM STAMMTISCH

Warum zerfällt Bierschaum?

Einem Bier sieht man an, ob es frisch gezapft wurde oder nicht. Denn beim Einschenken bildet sich eine Schaumkrone. Kohlendioxid steigt in Form kleiner Blasen in der Flüssigkeit auf, Eiweißmoleküle aus der Gerste umschließen die Gasbläschen als feine Häutchen. Die so entstandene Schaumkrone verschwindet innerhalb weniger Minuten wieder. Sie zerfällt. Und das hat nur bedingt mit der Verdunstung zu tun, die eine Pfütze auf dem Asphalt zum Verschwinden bringt.

Oben Schaum, unten Bier. Die Flüssigkeit läuft dank der Schwerkraft durch die Blasen-Zwischenräume nach unten ab. Infolge dieser Drainage steigt der Flüssigkeitspegel im Glas zunächst rasch, zurück bleibt ein gesetzter Schaum. Er schmeckt etwas bitterer als die Flüssigkeit, weil Bitterstoffe wesentliche Bestandteile der Häutchen sind, die den Schaum stabilisieren.

Während sich der Schaum setzt, ändert sich seine Struktur. »Kleine Basen haben einen höheren Innendruck als große«, so Jörg Peter Plath, Gastwissenschaftler am Fritz-Haber-Institut in Berlin. Denn wenn unterschiedlich große Schaumblasen aneinander grenzen, kann das Gleiche passieren, wie wenn zwei Luftballons miteinander verbunden werden: Der kleine Ballon gibt die Luft an den größeren ab. Er schrumpft, bis ihm die Luft ausgeht. »Große Blasen im Bierschaum wachsen zunächst in einem Ostwaldschen Reifungsprozess auf Kosten von kleinen.« Als Biertrinker kann man zuschauen, wie die Blasen tendenziell größer werden. »Sie ordnen sich aber auch um«, sagt Plath, der besonders tief ins Glas geschaut hat.

Um verlässliche experimentelle Bedingungen zu schaffen, hat der Chemiker genau bemessene Mengen Beck's Pils, Diebels Alt und Jever Dark mit Ultraschall aufgeschäumt, die verschiedenen Zerfallsstadien des Schaums fotografisch festgehalten und analysiert. »Kleinere Blasen setzen sich in die Zwickel zwischen den großen Blasen.« So lagern sich die Schaumblasen nach gewisser Zeit zu einer »apollonischen Kugelpackung« aneinander, die sich durch eine Vielfalt verschiedener Blasengrößen auszeichnet. Die fraktale Struktur resultiert aus einem physikalischen Prinzip: Die Entropie, ein Maß für die Unordnung, nimmt zu.

Allzu lange lässt sich das Schauspiel nicht verfolgen. Die Haut der Blasen wird durch Drainage und Verdunstung immer dünner. Sie reißt schließlich auf, die Blasen platzen. Zeit für ein neues Bier!

Warum nisten sich Ohrwürmer bei uns ein?

Mit neuronalen Endlosschleifen kennt sich Eckart Altenmüller aus. Doch auch ihn hat es kürzlich wieder erwischt: Plötzlich war der Wurm drin! Nach dem Tod des Popstars Michael Jackson setzte sich der Direktor des Instituts für Musikphysiologie und Musikermedizin in Hannover am Feierabend mit seinen Kindern zusammen, um noch einmal den »Earth Song« auf Youtube zu hören – eine eingängige Melodie, dazu die grandiose Performance von Michael Jackson bei seinem München-Konzert. »Ich habe das Stück am nächsten Tag nicht mehr aus den Ohren gekriegt«, so der Neurologe.

Ohrwürmer sind für diese Hartnäckigkeit bekannt. Ob Michael Jacksons »Earth Song« oder Rio Reisers »König von Deutschland« – welche Musik in die Warteschleife gerät, lässt sich kaum vorhersehen. Es gibt viele Lieder mit einfachem Refrain und einprägsamem Text, die man schon oft gehört hat und mitsingen kann. Altenmüller hat Tests mit 70 Probanden gemacht, um herauszufinden, welche Stücke sich besonders leicht in unseren Köpfen festsetzen. Abgesehen von »Yesterday« und »Eleanor Rigby«, beide von den Beatles, gab es keine Überschneidungen. Ohrwürmer bleiben eine individuelle Angelegenheit.

Was an akustischen Reizen von außen auf uns einwirkt, gelangt über verzweigte Nervenfasern und diverse Umschaltstationen zum Großhirn. Die Zahl der neuronalen Verbindungen, die ins Gehirn hinein- und wieder herausführen, ist allerdings viel kleiner als die der internen Verschaltungen. Denn: Unser Gehirn beschäftigt sich vor allem mit sich selbst. Ständig werden alte Eindrücke aufgefrischt, Erinnerungen umgeschrieben, Außenreize damit verglichen und mit Gefühlen verknüpft.

Nur ein Bruchteil dessen, was wir hören, passiert den Filter des Kurzzeitgedächtnisses. »Aber wir haben ein ausgezeichnetes Gedächtnis für Melodien«, so Altenmüller. »Sie sind, ähnlich wie Gerüche, stark an Emotionen gebunden.« Musikstücke, die einmal in den Langzeitspeicher gelangt sind, verschwinden so schnell nicht mehr daraus, auch wenn wir sie zuletzt vor 20 Jahren gehört haben.

»Ah, look at all the lonely people!« – Ohrwürmer wie »Eleanor Rigby« melden sich irgendwann nach der Arbeit oder beim Spaziergang im entspannten Zustand zurück. Manchmal verfolgen sie uns stundenlang. Vor allem introvertierte, empfindsame Menschen und Musiker wie der Querflötist Altenmüller können ein Lied davon singen.

Warum werden CDs nur einseitig abgespielt?

Eine CD unterscheidet sich gar nicht so sehr von einer Langspielplatte. Auch sie hat Rillen, auch hier ist die Musik in einer spiralförmigen Spur gespeichert. Für das Auge wirkt sie glatt. Unterm Mikroskop jedoch kommt eine kilometerlange Spiralbahn mit eingebrannten Vertiefungen zum Vorschein.

Deutlicher sind die Unterschiede zwischen CD-Player und dem guten alten Plattenspieler. In einem CD-Player fährt keine Nadel über die Rille, um mechanische Schwingungen aufzuzeichnen. Ein Laserstrahl tastet die CD völlig kratzfrei von innen nach außen ab. Das Licht wird an der CD-Oberfläche reflektiert, denn die Plastikscheibe ist mit Aluminium überzogen. Daran spiegelt sich der Strahl und fällt zurück auf einen Photodetektor.

Die Musik auf der CD ist digital gespeichert. Digital heißt: Man braucht nur zwei Symbole und kann damit jede beliebige Zahl darstellen, also auch jede Frequenzamplitude. Mehr ist nicht nötig, um Musik aufzuzeichnen. Der Photodetektor muss also nur zwischen zwei Werten unterscheiden können. Nennen wir sie »gut reflektierend« und »schlecht reflektierend«.

»An der Oberfläche der CD wird das Laserlicht fast vollständig reflektiert«, sagt Hans Joachim Eichler vom Institut für Optik der Technischen Universität Berlin, also »gut«. Anders ist es an den Kanten der eingebrannten Vertiefungen. Die Lichtstrahlen, die auf die glatte Oberfläche fallen, und jene, die in eine Rille hinuntergelangen, legen unterschiedlich lange Wegstrecken zurück. »Fährt der Laser über eine Kante, überlagern sich diese Strahlen.« Dabei macht man sich eine besondere Eigenschaft des Laserlichts zunutze und wählt die Rillentiefe gerade so, dass sich die Lichtstrahlen nun gegenseitig auslöschen, anstatt sich zu verstärken. Der Detektor registriert: »schlechte« Reflexion.

Das Ablesen der auf diese Weise kodierten Daten ist raffiniert. Aber nichts spricht dagegen, in beide Seiten der CD Vertiefungen einzubrennen. Man könnte die Abspielzeit bei CDs auf diese Weise verdoppeln – genau wie zu Beginn des 20. Jahrhunderts, als man auf die Idee kam, beide Seiten einer Grammophon-Platte für die Ton-Wiedergabe zu nutzen. Angesichts der vielen anderen Möglichkeiten, die Speicherkapazität zu erhöhen, verzichtet man allerdings darauf. Der Abspielprozess würde sonst unnötig verkompliziert. Lieber klebt man zum Beispiel bei DVDs mit »Double Layer« zwei dünne Scheiben aufeinander. Die Rillen liegen dann auf zwei Etagen und können weiterhin von einer Seite aus mit einem einzigen Laser abgetastet werden. Die andere Seite bleibt für die Beschriftung frei.

Warum schwimmen Eiswürfel oben?

Feste Körper sind in der Regel schwerer als flüssige. Eine Kerze geht im flüssigen Wachs unter, ein Metallklotz in der Schmelze ebenso. Das liegt daran, dass die Moleküle im Festkörper meist enger beieinander liegen. Sie sind dichter gepackt.

Wasser besitzt die ungewöhnliche Eigenschaft, dass es im flüssigen Zustand dichter ist als im festen. Deshalb schwimmen Eiswürfel oben, treiben Eisberge auf Polarmeeren herum. Wobei Letztere etwas weiter aus dem Wasser herausschauen. Denn Eisberge entstehen aus Polareis, also verdichtetem Schnee, enthalten mehr Luftblasen und sind ein wenig leichter als Eiswürfel. Im Salzwasser bekommen sie außerdem mehr Auftrieb.

Wasser verhält sich bei langsamer Abkühlung zunächst wie andere Flüssigkeiten auch, erreicht aber bei vier Grad Celsius seine maximale Dichte. Sinkt die Temperatur weiter, dehnt es sich wieder aus. Im Alltag führt diese Anomalie manchmal zu unangenehmen Überraschungen: Gut gefüllte Flaschen können im Eisfach platzen, gefrorene Rohrleitungen im Winter bersten.

Wassermoleküle haben eine V-förmige Struktur: An der Spitze befindet sich das Sauerstoffatom, an den beiden anderen Enden die Wasserstoffatome, die sich wegen ihrer gleichnamigen Ladungen gegenseitig abstoßen. Das V ist ziemlich weit geöffnet. Der Winkel, den der Sauerstoff mit den beiden Wasserstoffatomen bildet, beträgt mehr als 100 Grad.

Im Eiskristall schließen sich jeweils sechs dieser Wassermoleküle zu einem Ring zusammen. Er wird durch starke Brückenbindungen zusammengehalten. »Eis besteht aus lauter hexagonalen Ringen«, so Sérgio Henrique Faria, Experte für Eismechanik am Geowissenschaftlichen Zentrum der Universität Göttingen. »In dieser festen Struktur gibt es große Hohlräume, deshalb ist die Dichte von Eis so niedrig.« In der Flüssigkeit dagegen seien die Wassermoleküle mehr oder weniger frei und blieben näher beieinander.

Das Frieren ist kein abrupter Vorgang. Kühlt man Wasser ab, bilden sich schon ab einer Temperatur von etwas weniger als vier Grad kleine Kristallcluster. Die Dichte nimmt langsam ab. Doch erst unter Null Grad entstehen mehr hexagonale Ringe, als sich wieder auflösen.

Was Wissenschaftler wie Faria fasziniert: Die hexagonale Struktur, die Eiswürfeln und der Symmetrie von Schneekristallen zugrunde liegt, ist nicht die einzig mögliche. Daneben gibt es noch mindestens 13 weitere feste Formen von Wasser. Bisher jedoch konnten sie außerhalb des Forschungslabors noch nicht beobachtet werden.

Warum wird man vom vielen Sprechen heiser?

Zwei Schulstunden hält man als Anfänger noch irgendwie durch. Wer aber bei seiner ersten Erfahrung als Referendar gleich drei oder mehr Stunden vor einer Schulklasse sprechen muss, dem bleibt schon mal die Stimme weg. Der Unterricht endet wie ein Abend in einer lauten Kneipe: mit Heiserkeit.

Politiker oder Marktschreier sind daran gewöhnt, viel zu sprechen. Unsereins kommt kaum einmal auf zwei Stunden am Tag. Mehr ist auch nicht drin, ohne zuvor entsprechend trainiert zu haben.

Unsere Stimmlippen liegen wie die Saiten einer Gitarre im Kehlkopf. Dort befinden sich auch kleine Stellknorpel, an denen mehrere Muskeln ansetzen. Sie legen die Spannung der Stimmlippen fest und damit die Tonhöhe. Werden die Stimmlippen nicht so stark gespannt, ist der Ton tiefer.

Die aus der Lunge kommende Luft versetzt die Stimmlippen in schnelle Schwingung. Sie vibrieren geradezu. Beim Mann schwingen die Stimmlippen mit zirka 100 Hertz, also 100 Mal pro Sekunde. Die mittlere Sprechstimmlage der Frau ist mit 200 Schwingungen pro Sekunde höher.

Ständig zu reden, kann zur Belastung für Muskeln und Stimmbänder werden. So müssen die Muskeln die Spannung der Stimmlippen aufrechterhalten und sehr schnelle Ein- und Ausschwingvorgänge mitmachen, zum Beispiel beim Wechsel von stimmhaften Lauten zu stimmlosen. Die Stimmbänder ihrerseits haben keine eigenen Schleimdrüsen. Sie trocknen daher leicht aus und müssen befeuchtet werden. Räuspern hilft nur vorübergehend. Nach langem Sprechen kann der Hals richtig wehtun.

»Es gibt zwei Formen der Heiserkeit, die beide zusammen auftreten können«, sagt Martin Ptok, ärztlicher Direktor der Klinik für Phoniatrie und Pädaudiologie an der Medizinischen Hochschule Hannover. »Wenn die Muskeln zu schwach sind, schließen die Stimmlippen nicht mehr richtig.« Dann bringt man nur noch gehauchte Laute hervor, und selbst das Flüstern strengt die Stimme an. »Eine andere Form der Heiserkeit ist die Rauhigkeit.« Etwa wenn die rechte Stimmlippe anders schwingt als die linke, weil die Stimmbänder am Ende eines Tages geschwollen sind.

Ist die Stimme wirklich gefordert, sollte man einen Stimmkurs besuchen, rät der Experte. Bei einer professionellen Stimmerziehung lernt man die eigene mittlere Sprechstimmlage besser kennen und verlangt den Muskeln weniger ab. Bei einem kurzen Redestrom helfen dagegen die Klassiker: Bonbons und Wasser.

Warum haben Männer einen Bierbauch?

Frauen setzen Fett bevorzugt an Hüften und Oberschenkeln an. Das ist schwer wieder loszuwerden. Denn es wird dort, genetisch bedingt, als Polster für Schwangerschaft und Stillzeit gespeichert.

Männer haben eine andere Problemzone: den Bauch. Sie neigen weniger zur Birnenfigur mit Rundungen an Po und Schenkeln, als zur Apfelform. »In Deutschland sind normalgewichtige Männer bereits vom 35. Lebensjahr an in der Minderheit«, sagt Helmut Heseker von der Universität Paderborn, Vizepräsident der Deutschen Gesellschaft für Ernährung. Immer mehr und immer jüngere Menschen seien übergewichtig.

Im Lauf der Evolution hat es sich als vorteilhaft erwiesen, bei Nahrungsüberangebot Energie in Form von Fett zu speichern. Auf gute folgten magere Zeiten. »Daher hat der Körper leider keinen Mechanismus entwickelt, der uns vor zu hohen Energiereserven schützt.«

Vor allem in den Industrieländern hat das Fettdepot seine ursprüngliche Bedeutung eingebüßt. Überflussgesellschaften zeichnen sich durch zu viel und zu kalorienreiches Essen sowie durch zu wenig Bewegung aus. Je weiter die körperliche Aktivität bei fortschreitendem Alter zurückgeht, umso eher wächst der Bauch.

Was aber ist des prallen Bäuchleins Füllung? Handelt es sich um eine Haxenwampe? Ist's ein Knödelfriedhof? Oder ein Bierbauch?

Bier hat weniger Kalorien als Apfelsaft oder Rotwein. Aber es wird oft in größeren Mengen getrunken. Denn Biertrinken ist eine soziale Angelegenheit. Außerdem regt es den Appetit an. Das Tückische dabei: Die Kalorien, die wir übers Bier aufnehmen, werden vom Körper kaum wahrgenommen. Auch wenn wir abends zur Pizza statt Wasser einen halben Liter Bier trinken, hören wir nicht eher auf zu essen.

Bier ist also verdächtig. Dennoch sind Männerbäuche meist Folge der klassischen Kombination aus Überernährung und Bewegungsmangel. Mit ihr steigt das Risiko für den Diabetes mellitus oder koronare Herzerkrankungen. Auch wenn sich Männer mit dicken Bäuchen nicht krank fühlen – im Gegensatz zum Hüftgold ist der Bauchspeck gesundheitlich bedenklich, weil die Fettsäuren hier nicht langfristig gelagert sind, sondern weiter am Stoffwechsel teilnehmen, zur Leber oder an andere Orte im Körper transportiert werden können.

Bisher ist Abspecken nicht zu einer Massenbewegung geworden. »Aber wenn man sein Gewicht auch nur um fünf bis zehn Prozent verringert, hat das bereits erheblichen Einfluss auf die Gesundheit«, so Heseker. Der Experte empfiehlt: öfter mal Wasser statt Bier, weniger fettes Essen und Ausdauersport mit mäßiger Belastung. Aus hormonellen Gründen ist es allerdings nicht leicht, den einmal entstandenen Bauch wieder loszuwerden. Sinkt nämlich beim Abnehmen der Leptinspiegel, versucht der Körper, das alte Energieniveau wieder zu erreichen. Ohne einen starken Willen kommt man dagegen nicht an.

Warum steigt der Strohhalm in der Limonade auf?
Es gibt viele prickelnde Stufen zwischen einer schalen Plörre und einer überschäumenden Flüssigkeit: nur leicht mit Kohlensäure versetzt, medium, spritzig. Kohlendioxid lässt sich je nach Druck und Temperatur in fast beliebigen Mengen in Sekt, Bier oder Limonade hineinpumpen. Bei geschlossener Flasche bleibt es darin gelöst.

Beim Öffnen sinkt der Druck plötzlich wieder auf den Normalwert, das überschüssige Kohlendioxid perlt aus. Die Flüssigkeit wird aber nicht gleich schal. Die Gasmoleküle müssen sich zunächst irgendwo festhalten, um Bläschen bilden zu können. Sie docken an mikroskopisch kleinen Rauigkeiten der Flaschenwand oder an Schmutzteilchen in der Flüssigkeit an, weitere Gasmoleküle gesellen sich dazu.

»Wenn eine Gasblase groß genug ist, löst sie sich ab und

steigt auf«, sagt der Physiker Jörg Fandrich, Leiter des Schülerlabors »PhysLab« an der Freien Universität Berlin. Meist entsteht an derselben Stelle sofort das nächste Bläschen, das dem Vorgänger rasch nach oben folgt. Das Kohlendioxid perlt in kleinen Ketten aus. In der Sektflöte sind diese Perlenketten besonders schön zu sehen. Beim Aufstieg werden die Gasblasen schneller und dehnen sich aus, weil der Druck mit der Höhe abnimmt.

Außer der Glaswand bietet auch die Oberfläche eines Strohhalms gute Angriffspunkte für Bläschenkeime. Ein Strohhalm im Limonadenglas legt sich so eine Art Schwimmweste aus Kohlendioxidgas zu. »Die Auftriebskräfte vieler Blasen reichen zusammengenommen aus, um ihn anzuheben.« Denn ein Strohhalm ist leicht. Ehe sich die Gasbläschen ablösen können, steigen sie mit dem Halm in die Höhe.

Wer stattdessen eine Rosine ins Limonaden- oder Bierglas legt, kann sich ebenfalls von der Auftriebskraft der Gasbläschen überraschen lassen. Wegen ihrer zerfurchten Oberfläche wird die Rosine im Nu von Blasen eingehüllt. Sie steigt auf, die Bläschen zerplatzen an der Luft, die Rosine sinkt wieder, kommt aber kurz darauf erneut nach oben. So lange genügend Kohlendioxid vorhanden ist, geht's auf und ab. Auf ähnliche Weise lassen sich mit Brausetabletten kleine Spielzeug-U-Boote antreiben.

Während Bläschen sonst nur an Oberflächen oder Schmutzpartikeln entstehen, dehnt sich die Bläschenbildung beim Schütteln einer Flasche auf die ganze kohlensäurehaltige Flüssigkeit aus. Öffnet man die Flasche nun, schäumt und spritzt es, denn die vielen Gasblasen reißen auf ihrem Weg nach oben die sprudelnde Flüssigkeit mit. Heute schon geduscht?

Warum beschlagen Scheiben?

Wenn ich im Winter, aus der Kälte kommend, eine Kneipe oder ein Café betrete, tappe ich erst einmal im Dunkeln. Auf meiner Brille setzen sich kleine Wassertröpfchen ab. Die typische Mattscheibe.

Brillengläser beschlagen, weil die in der Luft enthaltenen Wassermoleküle dazu tendieren, sich mit ihresgleichen zusammenzuschließen. Die Moleküle haben eine positiv und eine negativ geladene Seite und ziehen sich aufgrund dieser Asymmetrie gegenseitig an. Sie würden ständig Nebeltröpfchen bilden, wenn Zusammenstöße mit anderen Luftmolekülen ihre Verbindungen nicht zum Platzen bringen würden.

Bei tiefen Temperaturen, wenn sich die Luftmoleküle nur noch langsam bewegen, werden heftige Kollisionen selten. Dann entstehen vermehrt Tröpfchen, es kommt zu Nebel in der Luft oder zu Tau auf Oberflächen. Gekühlte Getränkeflaschen beschlagen genauso wie kalte Autoscheiben.

»Wenn die Brille fünf Grad kalt ist, bildet sich um sie herum eine entsprechend kalte Luftschicht«, sagt Martin Stohrer, Emeritus der Hochschule für Technik in Stuttgart. »Die Schicht ist nur zwei bis drei Millimeter dünn.« In dieser Kältefalle sammeln sich Wassermoleküle der warmen Raumluft. Sie bleiben an Vorder- und Rückseite der Brille hängen. Die Moleküle haften allerdings stärker aneinander als am Glas. Auf diese Weise entstehen Tröpfchen. »Eine Kugel hat den geringsten Kontakt mit einer nicht aufnahmebereiten Oberfläche«, so der Bauphysiker.

Einfallendes Licht wird an diesen Tröpfchen diffus in alle Richtungen gestreut, das Glas erscheint daher milchig. Erst bei Erwärmung lösen sich die Tröpfchen auf.

Kalte Scheiben und Wände beschlagen, wenn die Luft feucht ist, etwa weil viele Menschen einen kleinen Raum beatmen oder weil die Dusche läuft. Gerade wenn wir uns nach dem Bad vor dem Spiegel fönen oder im Winter mit dem Auto losfahren möchten, nimmt uns das kondensierte Wasser die Sicht. Wer den Spiegel mit dem Fön aufwärmt, wird die Tröpfchen schnell wieder los. Aber erst durchs Lüften verschwindet die überschüssige Feuchtigkeit aus dem Raum.

Man kann die Tröpfchen auch mechanisch zerstören, indem man mit den Fingern über die beschlagene Scheibe fährt. Die Wassermoleküle verbinden sich dann zu einem großflächigen Wasserfilm. Und der ist durchsichtig.

WISSEN IM ZOO

Warum schlafen Giraffen im Stehen?

Zuerst fuhr sie den Nil hinab an den Pyramiden vorbei und reckte ihren Hals durch ein Loch im Oberdeck. Dann schipperte Zarafa, »die Liebliche«, übers Mittelmeer. Die Fahrt ging bis nach Marseille. Endlich erreichte sie im Juli 1827 nach einer mehr als zweijährigen Reise Paris, wo sie vom französischen König und 60 000 Schaulustigen empfangen wurde. Sie war die erste ihrer Art, die Europa in der Neuzeit besuchte, der König überließ ihr die Baumkronen im Botanischen Garten, an denen sie noch 18 Jahre lang munter knabberte.

Der herrliche Garten litt jedoch nicht unter der neuen Besucherin. Giraffen fressen zwar am liebsten junge Triebe, sie weiden das Laubwerk aber nicht großflächig ab – sonst würden sich die Bäume mit Giftstoffen wehren –, sondern nehmen hier ein bisschen, da ein bisschen. Als Pflanzenfresser sind sie ihrer Größe wegen den lieben langen Tag mit Essen und Wiederkäuen beschäftigt.

Fürs Schlafen bleibt ihnen wenig Zeit. Während ein Fleisch fressender Löwe nur ab und an auf Jagd geht und einen Großteil des Tages verpennt, pflückt die Giraffe von morgens bis abends Blätter von den Bäumen. Dazwischen döst sie wenige Stunden, meist im Stehen. In einen Tiefschlaf fällt sie höchstens für ein paar Minuten.

Giraffen legen sich selten hin, denn dann sind sie angreifbar. »Ihre Waffen sind die Füße«, sagt Thomas Hildebrandt, Tierarzt und Fortpflanzungsexperte am Leibniz-Institut für Zoo- und Wildtierforschung in Berlin. »Mit ihnen können sie kräftig austeilen.« Sind sie kampfbereit, brauchen sie keinen Löwen zu fürchten. Es ist noch nicht lange her, da hat eine Giraffe im Multispezies-Gehege eines holländischen Zoos einem Nashorn das Schulterblatt zertrümmert.

Aus dem Liegen kommt eine ausgewachsene Giraffe aber nicht immer schnell genug auf die Beine. Zwischen 500 und 600 Kilo müssen hochgehievt werden, im Sand rutscht sie leicht weg oder sinkt ein. Nicht mal zur »Niederkunft« legt sich Mutter Giraffe hin. Der Nachwuchs plumpst kopfüber aus zwei Metern Höhe aus dem Geburtskanal – er ist allerdings selbst schon mehr als anderthalb Meter groß.

Die Giraffe hält auch ihren Kopf am liebsten oben. Ihr kräftiges Herz pumpt das Blut über den langen Hals zum Gehirn. Damit der Blutdruck nicht zu sehr schwankt, besitzt sie ein ausgefeiltes Blutversorgungsnetz. »Die Giraffe hat als einziges Tier Arterienklappen«, so Hildebrandt. »Wenn man ihr zum Beispiel bei einer Narkose den Kopf nicht hochbindet, kann das Blut nicht richtig zirkulieren.« Mit fatalen Folgen: Sie stirbt binnen Minuten.

Warum können Papageien sprechen?

Ein cleveres Kerlchen, dieser Afrikanische Graupapagei. Er war in der Nähe von Tokio ausgebüxt, konnte jedoch nach längerem Herumirren in die gute Stube seines Besitzers zurückgebracht werden, weil er die ganze Zeit über fröhlich vor sich hin plapperte: »Yosuke Nakamura.« Der Vogel kannte nicht bloß den Namen seines japanischen Besitzers, sondern auch dessen Adresse. Selbst die Hausnummer sagte er korrekt auf.

Hierzulande lernen Wellensittich & Co vor allem Sätze wie »Du Dummkopf!« oder »Hau ab, Du stinkst!«. Sie tragen ihr Herz auf der Zunge, und wir nutzen ihr soziales Verhalten schamlos aus.

Papageienvögel sind gesellig. Die meisten von ihnen leben zusammen mit ihrem Partner in größeren Gruppen und kommunizieren über vielfältige Laute miteinander. Im Gegensatz zu Singvögeln haben sie keine sehr melodischen Stimmen. Während männliche Singvögel schön singen müssen, um Weibchen anzulocken, rufen oder schwatzen Papageienvögel.

Die Gruppen bilden unterschiedliche Dialekte aus. Schließt sich ein junger Papagei einer Gruppe an, lernt er ihren Slang, behält aber bestimmte Eigenheiten bei. »So können Papageien einzelne Individuen an ihren Lauten erkennen und gleichzeitig heraushören, zu welcher Gruppe sie gehören«, sagt Gabriel Beckers vom Max-Planck-Institut für Ornithologie in Seewiesen. Diese Anpassung an die Laute ihrer Artgenossen sei wohl einer der Gründe dafür, dass sie in Gefangenschaft die menschliche Stimme imitieren. Wie aber machen sie das?

Wenn wir singen oder sprechen, erzeugen die Stimmbänder in unserem Kehlkopf durch Schwingungen Töne. Der Stimmkopf der Vögel, die Syrinx, sitzt tiefer. Sie singen aus voller Brust. In der Region, in der sich ihre Luftröhre in zwei Äste aufspaltet, liegen schwingfähige Membranen, deren Spannung durch Muskeln verändert werden kann. Manche Singvögel können zweistimmig singen, indem sie ihr Stimmorgan im rechten und linken Ast unabhängig voneinander benutzen.

»Papageien haben ein einfaches Stimmorgan mit weniger Muskelgruppen«, sagt Beckers. »Aber sie besitzen eine außergewöhnlich dicke Zunge.« So wie der Mensch viele Laute mit Hilfe der Zunge formt, indem er die Zungenspitze oder den Zungensaum zu bestimmten Artikulationsstellen hinführt, bewegen auch Papageienvögel ihre Zunge beim Sprechen. Sie können sich durch einen besonderen Zungenschlag artikulieren und uns deshalb nachplappern: »Wo steckt denn mein Hansi?« Oder etwas intelligenter: »Yosuke Nakamura.«

Warum spucken Lamas?

Kaum ist der Fußballspieler auf dem Platz, spuckt er auf den Rasen. Nach erstem Ballkontakt und erstem Zweikampf spuckt er wieder aus. Über 90 Minuten hinweg sammelt er laufend Speichel, um sein Revier zu markieren. Bei besonders prestigeträchtigen Ausscheidungsspielen kommt es schon mal zu unmissverständlichen Speichelattacken, so wie bei der WM 1990 im Spiel Deutschland gegen die Niederlande, als Frank Rijkaard Rudi Völler anspuckte. Gleich drei Mal traf der Italiener Francesco Totti seinen dänischen Gegenspieler Christian Poulsen bei der EM 2004 ins Gesicht. Nach dem Videobeweis bekam er für jeden Treffer ein Spiel Pause gutgeschrieben. Und durfte den Rest des Turniers auf der Tribüne verbringen.

Über solche Angriffe kann auch André Schüle, Kurator für Kamele im Zoologischen Garten Berlin, einiges erzählen. Nicht, dass sämtliche Kamele zu den ästhetisch wenig ansprechenden Attacken neigten. Nein, das trifft vor allem auf die kleinen, schnuckeligen Lamas zu, die in den Anden als Haustiere gehalten werden.

Großkamele spucken selten. Allerdings haben auch sie manchmal Schaum vor dem Mund. Dromedarhengste zum Beispiel besitzen ein langes Gaumensegel, das sie immer mal wieder ausstülpen und das dann wie ein Ballon aus ihrem Mund hängt. Mit diesem speicheltriefenden Brüllsack stoßen sie gurgelnde, drohende Laute aus.

Lamas spucken oft. »Aber keinen Speichel, sondern hochgewürgten Mageninhalt«, sagt Schüle. »Sie kauen wieder.« Wie alle Pflanzenfresser müssen sie das Grünzeug, Gras und Blätter, gut verarbeiten, um Nährstoffe aufzuschlüsseln. Ihre drei Mägen – die Kuh dagegen hat vier – sind ständig in Aktion.

Zunächst gelangt die Nahrung in die ersten beiden Magenkompartimente. In diesen Gärkammern baut eine rege Bakterienflora die Zellulose der Pflanzen ab. Das Lama stößt die Nahrung zwischendurch auf, kaut und zerkleinert sie erneut, um den Bakterien noch bessere Angriffsmöglichkeiten zu geben. Schließlich wird der Brei im dritten Magen der eigentlichen Verdauung zugeführt.

Das Lama könnte ohne Bakterien, ohne diese vielen mikroskopisch kleinen Helfer, nicht leben. Sie geben womöglich auch der Spucke eine besonders abschreckende Note. Das Spucken ist eine Drohgebärde, eine erste Warnung. Und die sitzt manchmal so gut, dass es – wie gewünscht – erst gar nicht zum Kampf kommt. Lamas spucken sehr gezielt, maximal vier bis fünf Meter weit.

Schaffen sie es nicht, sich durch Spucken oder Rempeleien genügend Respekt zu verschaffen, treten die männlichen Kamele zu. Ihre besten Waffen bei heftigen Revier- und Rangkämpfen sind jedoch die Zähne: Die Hengste haben als Eckzähne lange Hauer, mit denen sie anderen schlimme Verletzungen zufügen können.

Beim Fußball kämpfen nur wenige Spieler so verbissen wie der ehemalige Bayern-Torwart Oliver Kahn, der 1999 versuchte, seinem Dortmunder Gegenspieler Heiko Herrlich ins Ohr zu beißen. Spucken dagegen ist gang und gäbe. Nachdem der Schweizer Stürmer Alex Frei im Sommer 2004 den Engländer Steven Gerrard angespuckt hatte, nahm er voller Reue Kontakt zu seinen tierischen Verwandten auf: Er übernahm die Patenschaft für zwei Lamas im Basler Zoo.

Warum leben Pinguine nur am Südpol?

Welche Überlebenschancen haben flügellose Fliegen? Oder flugunfähige Vögel? Den flügellosen Fliegen begegnet man auf Inseln wie den Kerguelen. Dort ist es so stürmisch, dass gewöhnliche Fliegen vom Wind davongetragen werden. Ihre Flügel haben sich daher im Laufe der Zeit zurückgebildet. Flugunfähig sind auch die bis zu einen Meter großen Galápagoskormorane. Da sie als Unterwasserjäger nach Fischen tauchen und ihrer Größe wegen auf den Galápagosinseln seit jeher keine Feinde haben, hätte ihnen das Fliegen auf Dauer keinen Selektionsvorteil gebracht.

Der Pinguin ist ein ähnlich komischer Vogel. Seine Flügel haben sich in kräftige Flossen verwandelt, sein pummeliger Körper ist ganz an ein Leben im Meer angepasst. Pinguine jagen nach Krillkrebsen, antarktischen Heringen oder Tintenfischen. Einige Arten brüten bei extremen Minusgraden. Kehlstreifen- oder Kaiserpinguine versammeln sich in großen Kolonien an den Küsten des Südpolargebiets und können dort, nachdem sie sich reichlich Speck angefressen haben, lange Zeit ohne Nahrung auskommen.

Als Kältefreaks kämen sie auch in der Arktis zurecht. Wie der Pinguinexperte Rory P. Wilson erzählt, wurden dort in den dreißiger Jahren 14 Pinguine ausgesetzt, darunter Felsen- und Königspinguine. Sie hätten dort zwar keine Kolonien bilden können – dafür seien es zu wenige Vögel gewesen –, »aber sie überlebten in ausgezeichneten Zustand«.

Die Pinguine haben sich einfach nie zum Nordpol aufgemacht. Der Tropengürtel stellt für sie eine schwer überbrückbare Schranke dar. Da sie nicht fliegen, sondern nur schwimmend mit lediglich fünf bis zehn Kilometern pro Stunde vorwärts kommen, halten sie sich stets in Gegenden auf, wo große Krill- oder Fischschwärme vorbeiziehen.

»Pinguine sind auf eine hohe Beutedichte angewiesen«, sagt der Direktor des Instituts für Umweltverträglichkeit an der britischen Universität Swansea. Nur so können die in Kolonien lebenden Vögel ihre Jungen durchbringen. Humboldt- oder Magellanpinguine leben in kalten, fischreichen Strömungsgebieten, und selbst Galápagospinguine sind keine Warmduscher. Sie profitieren vom Fischreichtum, den die Cromwell-Strömung mit sich bringt, tauchen vor den Inseln nach Kaiser- oder Schmetterlingsfischen.

Am Nordpol gibt es keine Pinguine. Aber bis ins 19. Jahrhundert hinein lebte in den kalten Gewässern der nördlichen Polarregion ein ähnlicher flugunfähiger Vogel: der Riesenalk, früher »Pinguinus impennis« genannt. Er wurde ausgerottet. Nicht die Eisbären wurden ihm zum Verhängnis, sondern der Mensch, der von den umliegenden Kontinenten aus in die Arktis vordrang. Die Antarktis ist geschützter, denn sie ist ringsum von Ozeanen umgeben. So ist sie bis heute ein Refugium für Pinguine geblieben.

Warum bauen Bienen sechseckige Waben?

Bienen sind begnadete Baumeister. Die Zellen der Waben, in denen sie den Nachwuchs großziehen und Honig speichern, werden nicht Pi mal Daumen angelegt. Ihre Larven umweht eine mathematische Nestwärme. Jede Zelle ist ein Sechseck von erstaunlicher Regelmäßigkeit: Alle Winkel betragen 120 Grad, selbst die Dicke der Zellwände ist mit 0,07 Millimetern überall nahezu gleich.

Eine Wabe aus Hunderten sechseckigen Zellen bietet einen wunderbaren Anblick. Was Mathematiker noch mehr fasziniert: Es ist die optimale geometrische Anordnung.

Im Vergleich etwa zum Quadrat hat ein Sechseck bei gleichem Flächeninhalt einen fast zehn Prozent kleineren Umfang. Für sechseckige Wabenzellen ergibt sich damit ein ideales Verhältnis von Wandmaterial und Volumen. Honigbienen benötigen auf diese Weise für ihre Bauten ein Minimum an Wachs, dessen Herstellung für sie energieaufwendig ist.

Angesichts des Wabenbaus könnte man ihnen eine ausgeprägte mathematische Intelligenz zuschreiben. Doch ist das Bienenhirn imstande, die Geometrie der Nestarchitektur im Detail zu planen?

Der Bienenforscher Jürgen Tautz von der Universität Würzburg hat herausgefunden, dass vielmehr die Eigenschaften des Wachses den Bienen entgegenkommen. »Frisch gebaute Zellen sind gar nicht sechseckig«, so Tautz, »sie sind rund.«

Wenn die Bienen die dünnen Zellwände jedoch aufheizen, beginnt das Wachs zu arbeiten. Die Tiere können ihre

Körpertemperatur auf mehr als 40 Grad Celsius erhöhen. An der Fließgrenze zwischen zwei Wachszellen passiert dann etwas Ähnliches wie beim Zusammentreffen zweier gleich großer runder Seifenblasen: Es bildet sich eine ebene Schnittfläche.

Innere Spannungen im Wachs führen zu einem neuen Kräftegleichgewicht. Da jede Wabenzelle sechs Nachbarn hat, geschieht dies zu sechs Seiten hin: »Die sechseckige Form der Zellen entsteht durch Selbstorganisation.« Die Natur selbst bringt diese Symmetrie hervor.

Wo weibliche Bienen heranwachsen sollen, haben die Zellen 5,2 bis 5,4 Millimeter Durchmesser. Die Arbeiterinnen benutzen ihren eigenen Körper als Schablone. Männliche Bienen sind etwas größer. Doch auch für sie werden Zellen nach Maß gezimmert.

Sobald Männchen für die Fortpflanzung gebraucht werden, legen die Arbeiterinnen Zellen von 6,2 bis 6,4 Millimetern Durchmesser an, in die ihre Königin unbesamte Eier legt. Welchen Maßstab die Arbeitsbienen dafür benutzen, ist bislang nicht bekannt. Höhere Bienenmathematik?

Warum verlieren Platanen ihre Borke?

Bei Sonnenschein sitzt der Großstädter auf dem Balkon, erfreut sich an Basilikum- oder Salbei-Pflänzchen, die in Blumentöpfen sprießen, und genießt das mediterrane Lebensgefühl. Was aus ein paar Samen alles werden kann! Ach, und was erst auf einer Dachterrasse aus ihnen werden könnte, wo sie nicht bloß zwischen halb drei und vier Uhr nachmittags Sonnenlicht bekämen!

Das Leben ist ein Kampf ums Licht, und zwar nicht erst, seit es sich in Städten eingenistet hat. Kaum hatten die ersten Pflanzen das Festland erobert, versuchten sie auch schon, einander zu überragen. Zunächst in bescheidenem Maße. Selbst moderne Vertreter wie Basilikum oder Salbei haben keine Chance, ihre Blätter in nennenswerte Höhen zu hieven. Ihre Stängel sind viel zu dünn.

Wer hoch hinaus will, muss breit aufgestellt sein. Als Urbäume wie der Archaeopteris vor mehr als 360 Millionen Jahren erstmals bis zu 30 Meter hoch und Hunderte Jahre alt wurden, war ihnen dies nur durch ein besonderes Dickenwachstum möglich. Es hat seinen Ursprung in einer feinen Gewebeschicht zwischen Holz und Rinde, dem Kambium. Dort entstehen durch Zellteilungen immer neue Tochterzellen. Sie verwandeln sich in Holzzellen, wenn sie nach innen wandern, und zu Rinde, falls sie nach außen gelangen. Neben dieser sekundären Rinde bilden die meisten Bäume mit der Zeit eine weitere Außenhaut, die Borke, die sie vor Kälte und Austrocknung schützt.

»Ein Baum vergrößert seinen Holzkörper Jahr für Jahr«, sagt Harald Schill, Direktor des Forstbotanischen Gartens der Fachhochschule Eberswalde. »Er wächst in die Breite.« Damit verschiebe sich das lebendige Kambiumgewebe nach außen und werde erweitert. Die Borke dagegen gerät zunehmend unter Spannung. Sie kann nicht so flexibel reagieren, sondern reißt auf. Der Mantel des Baums platzt aus allen Nähten.

Je nach Struktur der Borke ergibt sich ein charakteristisches Bild. Beim Kirschbaum verläuft die Wachstumsschicht unter der Borke streng zylinderförmig. Dementsprechend zeigen sich zuerst Querringe, wenn die Borke platzt.

Die schnell wachsende Platane hat keine Ringelborke, sondern Schuppen. Ihr Wachstumsgewebe ist bogenförmig angelegt. Infolgedessen bilden sich einzelne Sektoren, die Borke reißt nicht bloß, sondern löst sich in Platten ab. Daher sieht der beliebte und widerstandsfähige Großstadtbaum oft buntscheckig und gefleckt aus. Krank ist er deshalb nicht. Und die Häuser überragt er trotzdem.

Warum haben Elefanten so große Ohren?

Große Ohren erleichtern das Hören. Dem afrikanischen Elefanten reichen die Ohren bis über den Hals. Das unterscheidet ihn vom etwas kleineren asiatischen Elefanten. Bei Antennenschüsseln von zwei Quadratmetern fragt man sich allerdings, was so ein Jumbo alles hören will.

Die Dickhäuter führen Ferngespräche. Elefantenkühe und -bullen verständigen sich über Essen, Sex und Gefahren und nutzen dafür unter anderem den für menschliche Ohren nicht wahrnehmbaren Infraschall. Solche Langwellen eignen sich besonders gut für Verbindungen über weite Distanzen. Doch auch Giraffen kommunizieren über Infraschall, und die haben keine riesigen Ohrlappen.

Elefanten setzen ihre Ohrlappen daneben vor allem zur Kühlung ein. Die große Oberfläche strahlt wie ein Heizkörper überschüssige Wärme ab. Bei einer Heizung wird über Rohrleitungen warmes Wasser zum Heizkörper gebracht und kühlt dort ab. Analog hierzu können pro Minute gut zehn Liter warmes Blut zum Ohr eines Elefanten gelangen.

»Elefantenohren sind sehr stark durchblutet«, sagt Nicole Weissenböck, Zoologin am Forschungsinstitut für Wildtierkunde und Ökologie der Veterinärmedizinischen Universität Wien. »An der Ohrrückseite liegt ein dichtes Geflecht aus Arterien und Venen, die sich je nach Temperatur erweitern oder zusammenziehen.«

Diese Art der Thermoregulation ist weit verbreitet. Bei einem Winterspaziergang etwa werden zuerst unsere Ohren, Hände und Füße kalt. Der Körper schützt die inneren Organe davor auszukühlen, indem er verhindert, dass zu viel Blut an die Peripherie gelangt.

Beim Elefanten, der in heißen Regionen lebt, stellt sich das Problem meist umgekehrt dar: Da er nicht schwitzt und abgesehen von gelegentlichen Bädern wenig Möglichkeiten hat, angestaute Wärme loszuwerden, pumpt er sein Blut an die schattige Innenseite der Ohren. Damit es dort schnell abkühlt, wedelt er kräftig mit den Ohren und fächelt die Luft immer wieder von der heißen Körperoberfläche weg.

»Große Ohren sind für ein Leben in Hitze gemacht«, so Nicole Weissenböck. Zum Beispiel hat der Wüstenfuchs riesige Ohren, der Rotfuchs mittelgroße und der Polarfuchs kleine. Auch Braunbären besitzen viel größere Ohren als Eisbären. Die Ohren des afrikanischen Savannenelefanten sind etwa um zwei Drittel größer als die des asiatischen Elefanten, der vorwiegend in etwas kühleren Waldgebieten lebt. Und noch viel kleiner waren die Ohren des sibirischen Wollhaarmammuts.

Warum knallt die Peitsche?

Die WM-Eröffnungsfeier der deutschen Gastgeber begann mit einem Knaller. Meterlange Peitschen schwingend, liefen Männer in Lederhosen von den Eckfähnchen aus zum Mittelkreis des Fußballfelds und setzten Vor- und Rückhandschläge zur Musik. Als »Goaßlschnalzer« waren sie in ihrer bayerischen Heimat bekannt. Ich hatte so etwas bis zur Fußball-Weltmeisterschaft 2006 noch nie gesehen.

Geißelschläge kannte ich bisher vor allem aus der Biologie: Spermien haben ein Köpfchen und einen Schwanz – die Geißel, die sie asymmetrisch hin und her schwingen. Während sie schwimmen, wandern Biegewellen vom Kopf zu dem nach hinten sich verjüngenden Ende. Mit dynamischen Schlägen durchqueren die schnellsten Spermien die Gebärmutter binnen Minuten.

»Goaßlschnalzer« haben eine ähnlich ausgefeilte Technik. Im Lauf der kulturellen Evolution haben sie gelernt, ein Seil, das an einem biegsamen Stecken befestigt ist, so zu schwingen, dass sich darin eine u-förmige Schlaufe bildet. »Diese Schlaufe wandert bis zum Peitschenende weiter«, sagt Joachim Scheuren, Präsident der Deutschen Gesellschaft für Akustik. »Die ganze Energie des Schlags konzentriert sich in einem kleinen Endstück.«

Mit erstaunlichen Folgen. Denn zusätzlich wird die Schlaufe dadurch beschleunigt, dass sich die Schnur zur Spitze hin verjüngt. Öffnet sich die Schlaufe schließlich, kann das Endstück so schnell werden, dass die Schallmauer durchbrochen wird. »Es entsteht ein Überschallknall.«

Schall resultiert aus einer Änderung des Luftdrucks. Wer in die Hände klatscht, verdrängt die Luft zwischen den Handflächen. Die plötzliche Verdichtung der Luft breitet sich aus und gelangt mit einer Geschwindigkeit von 330 Metern pro Sekunde – der Schallgeschwindigkeit – an unser Ohr.

Dem Schall ist durch die Bewegung der Luftmoleküle, die ihn weiterleiten, ein Tempolimit gesetzt. Dies gilt nicht für die dazugehörigen Lärmquellen. Sie können sich schneller als der von ihnen erzeugte Schall bewegen. Überschalljets etwa ziehen eine kegelförmige Druckwelle hinter sich her, den Überschallknall.

Das Ende der Peitsche kann eine ähnliche Schockwelle hervorrufen. »Früher glaubte man, dass es dazu ausreicht, in den Überschallbereich vorzudringen«, so Scheuren. Neuere Messungen haben jedoch ergeben, dass der satte Peitschenknall erst zu hören ist, wenn das lose Ende etwa doppelte Schallgeschwindigkeit erreicht. »Goaßlschnalzen« ist somit die Kunst, musikalische Rhythmen mit Mach 2, der doppelten Schallgeschwindigkeit, in die Luft zu peitschen.

Warum suhlt sich das Schwein?

Bis vor kurzem noch haben wir uns wenig Gedanken über das Leid der Schweine gemacht. Mit der »armen Sau« konnte jeder gemeint sein, nur kein Hausschwein. Erst eine neue Form der Grippe hat uns einander näher gebracht.

Die rund 26 Millionen Schweine hierzulande leiden allerdings weniger unter Virusinfektionen als unter Homo sapiens. Von Natur aus dazu bestimmt, als Nomaden umherzuziehen, den Boden nach Früchten oder Pilzen abzusuchen und sich im Schlamm zu suhlen, fristen sie ihr Dasein nun in Ställen, wo sie kiloweise Trockenfutter in sich hineinfressen müssen. Gelegentliche Duschen sind mitunter die einzige Abwechslung im Stalltag.

Schweine brauchen Bäder. Vor allem, um ihre Körpertemperatur zu regulieren. »Sie haben nämlich keine Schweißdrüsen«, sagt Steffen Hoy vom Institut für Tierzucht der Universität Gießen. Schwitzen wie ein Schwein? »Unmöglich!«

Abgesehen von der Diffamierung des Schweins, bezeugen wir damit auch unsere Unkenntnis über die Vorzüge des Schwitzens. Schweiß nämlich kühlt den Körper ausgesprochen effektiv. Das Absondern von Flüssigkeit, die anschließend verdunstet, schützt uns vor Überhitzung und lässt uns zu Ausdauersportlern werden. Weder die nur kurzzeitig schnellen Geparden oder Löwen noch Hunde oder Schweine sind imstande zu schwitzen.

Ein Schwein hechelt stattdessen. So wird es die überschüssige Wärme wenigstens über die Verdunstung an den Schleimhäuten los. »Oberhalb einer bestimmten Temperatur gehen Schweine dann in die Suhle«, sagt Hoy. Bei Hausschweinen schwankt diese Temperaturschwelle mit dem Körpergewicht und liegt bei etwa 18 Grad Celsius. Wird's ihnen zu heiß, meiden Schweine den Körperkontakt zu ihren Artgenossen, während sie bei Kälte dicht zusammenrücken und kuscheln.

Eine Dusche im Stall hat einen ähnlichen Effekt wie das Wälzen im Schlamm. Wenn Schweine die Waschanlage selbst per Knopfdruck auslösen können – ein seltener Wellnessfaktor der modernen Tierhaltung –, lernen sie rasch, sich das Stallleben vergnüglicher zu gestalten: Sie verbringen den halben Tag mit Duschen. Von wegen dummes Schwein!

Duschen, Hochdruckvernebelungsanlagen und Unterflurklimatisierung können die Suhle freilich nicht ersetzen. Die Sudelei dient nämlich auch der Abwehr von Läusen, Flöhen, Milben und der Vermeidung von Insektenstichen. Ausgiebig wälzt sich ein Wildschwein im Schlamm und lässt diesen auf der Haut trocknen. An Baumstämmen oder anderen geeigneten Scheuerstellen schubbert es sich die Haut später ab. Und fühlt sich sauwohl dabei!

Warum heulen Wölfe?

»Der Hund lebt ständig im Dreißigjährigen Krieg. In jedem Briefträger wittert er einen fahrenden Landsknecht, im Milchmann die schwedische Vorhut«, so einst der Dichter Kurt Tucholsky. »Er bellt, wenn jemand kommt, sowie auch, wenn jemand geht – er bellt zwischendurch, und wenn er keinen Anlass hat, erbellt er sich einen.«

Der Haushund stammt nachweislich vom Wolf ab. Und der bellt kaum, sondern heult. Die Entwicklung vom Raubtier und Rotkäppchenschreck zum Haustier und Pfötchengeber war also zugleich eine vom Heuler zum deutschen »Wau-wau« und italienischen »Bau-bau«. Britische Hunde hingegen machen »Woof-woof«, russische »Gav-gav«.

In den achtziger Jahren studierte Karl-Heinz Frommolt die Kommunikation der Wölfe in Zentralrussland, und zwar im Sommer, als die Welpen begannen, den Bau zu verlassen. Anders als Hunde bekommen Wölfe nur einmal im Jahr Nachwuchs. Die Welpen verbringen die ersten Wochen in einer Höhle. »Während der Aufzucht der Jungen sind Wölfe sehr schweigsam«, sagt der Leiter des Tierstimmenarchivs im Berliner Museum für Naturkunde. So geben sie den Standort der Höhle nicht preis.

Ihr Verhalten ändert sich, wenn die Welpen die Gegend

erkunden. »Dann müssen sie immer wieder zusammengerufen werden.« Die Vegetation im Revier ist meist so dicht, dass sich die Tiere schnell aus den Augen verlieren. Ein Wolfsrevier ist groß. »Ein Radius von zehn Kilometern und mehr ist keine Seltenheit.«

Die Kommunikation erstrecke sich aber nicht über das gesamte Territorium. Wenn Altwölfe auf Jagd gehen und mit Futter zurückkehren, melden sie sich aus einer Entfernung von bis zu einem Kilometer zurück. Meist wird ihr Heulen beantwortet, die Wölfe heulen dann im Chor. Bei Freilandexperimenten hat Frommolt diesen Chorgesang durch Nachahmung des Heulens ausgelöst.

Auch Wölfe, die von der Gruppe getrennt sind, fangen an zu heulen. Das Rudel wird dadurch zusammengehalten und markiert sein Revier. Nur gelegentlich bellen Wölfe. Für sie ist das Bellen in erster Linie ein Warnlaut: wenn Gefahr droht oder bei Auseinandersetzungen innerhalb des Rudels.

Andersherum können auch Hunde heulen, etwa wenn sie alleingelassen werden. Schlittenhunde oder Dingos heulen häufiger. Australische Dingos sind Haushunde, die vor langer Zeit wieder verwilderten. Sie leben im Rudel und heulen ähnlich wie Wölfe. Noch eindringlicher heulen Neuguinea-Dingos. Versuche, sie zu domestizieren, sind nicht zuletzt an ihrem unerträglichen Singsang gescheitert.

Warum sind Geier kahlköpfig?

»Zwei bis drei Schnabelhiebe der stark schnäbeligen Geier zerreißen die Lederhaut des Aases, einige mehr die Muskellagen, während die leichter bewaffneten Arten ihren langen Hals, so weit sie können, in die Höhlen einschieben, um zu den Eingeweiden zu gelangen«, heißt es in Alfred Brehms Tierleben. Mit »gieriger Hast« wühlten die Vögel zwischen den Därmen umher. Womit klargestellt wäre: Der Name »Geier« kommt von »Gier«.

Der Volksmund lässt kein gutes Haar am Geier. Hemmungslos, wer »wie die Geier« über etwas herfällt. Nichts hält ihn zurück. Ohne selbst gejagt zu haben, frisst er dreist in sich hinein.

Wir alle kennen diesen Geier in uns, den Fledderer schon gerissenen Wildes. Als die Vormenschen, die Australopithecinen, noch am Rand der sich ausbreitenden Savanne hausten und noch keine Jagdwerkzeuge besaßen, um sich gegen Löwen und Hyänen zu verteidigen, waren sie froh, wenn diese ihnen ab und an ein bisschen Aas übrig ließen. Den Rest holte damals schon: der Geier.

»Die meisten Geier sind kahlköpfig«, so der Zoologe und Greifvogelforscher Michael Stubbe, Emeritus der Universität Halle. »Auch ihr Hals ist zum Teil kahl«, etwa bei den riesigen Mönchs- und Ohrengeiern, beide mit einer Spannweite von bis zu drei Metern. Mit kräftigen, gebogenen Schnäbeln reißen sie das Fleisch von den Knochen. »Sie gehen mit ihrem Kopf weit ins Aas hinein.« Bei einem solchen Leichenschmaus wäre ein Federkleid nur hinderlich. »Es würde verkleben.«

Kahlköpfige Geier leben gesünder. Haben sie genug gefressen und alles verdaut, lassen aber auch sie gern ein Bad folgen. »Sie trinken viel und baden sich sehr oft«, so Brehm in seinem berühmten Tierleben. »Freilich ist letzteres kaum einem Vogel nötiger als ihnen; denn wenn sie von ihrem Tisch aufstehen, starren sie von Schmutz und Unrat.« Vor allem langhälsige Geier seien oft über und über blutig.

Unter den am Kadaver versammelten Arten finden sich auch kleinere wie der Schmutzgeier. Sein Hals ist nicht kahl, denn er pickt nur die letzten Brocken von den bereits freigelegten Knochen. Alternativ dazu frisst er Eier. Um sie zu öffnen, benutzt er Steine als Werkzeuge und zielt damit aus dem Flug auf die Eier.

Gier macht erfinderisch. »Auch der Bartgeier ist nicht kahlköpfig«, sagt Stubbe. Dieser Hochgebirgsvogel lebt nämlich nicht vom Fleisch, sondern von den Knochen. Er lässt sie aus der Höhe auf den Fels fallen und löffelt dann mit der Zunge genüsslich das Mark heraus.

Warum essen manche Pflanzen Fleisch?

Sind Sie Vegetarier? Dann sind Ihnen die Venusfliegenfalle und andere hier vorgestellte Gewächse möglicherweise nicht ganz geheuer. Doch es gibt Zwangslagen, in denen selbst Pflanzen Dinge tun, die man ihnen niemals zutrauen würde.

In der Not frisst nicht nur der Teufel Fliegen. Auch fleischfressende Pflanzen locken Insekten in Klapp- und Klebefallen, aus denen es kein Entrinnen mehr gibt. Mücken und Spinnen verfangen sich in den Tentakeln des Sonnentaus oder ersaufen in der Fallgrube einer tropischen Kannenpflanze. Von Verdauungssäften zersetzt, bleibt von dem kleinen Getier nur ein Gerüst aus Chitin übrig.

Die Blätter mancher carnivorer Pflanzen sind Friedhöfe, auf denen die leeren Hüllen von Insekten ruhen. Fleischlos zu leben, ist solchen Pflanzen kaum möglich. Denn der Boden, auf dem sie wachsen, gibt oft nicht einmal das Nötigste her – Stickstoff.

»Alle Pflanzen sind neben Phosphor und Kalium auf Stickstoff angewiesen«, sagt Peter Dittrich, Emeritus für Botanik und Ökologie der Ludwig-Maximilians-Universität München. Die Luft, die wir atmen, enthält zirka 78 Prozent Stickstoff. Pflanzen können die festen Bindungen der Stickstoffatome allerdings nicht aufspalten. Das gelingt nur den darauf spezialisierten Bakterien und Algen. »Um Proteine aufzubauen, müssen Pflanzen den Stickstoff also über ihre Wurzeln aus dem Boden aufnehmen.«

Stickstoff ist wesentlicher Bestandteil von Düngemitteln.

Fleischfressende Pflanzen indessen leben auf stickstoffarmen Böden, etwa in Moorgebieten. Um hier über die Runden zu kommen, brauchen sie Nahrungsergänzungsmittel. Die Venusfliegenfalle würde sich auch mit ein paar Käsestückchen begnügen. Da sie niemand damit füttert, hat sie sich auf das Einfangen kleiner Tiere spezialisiert.

Faszinierend ist die evolutionäre Bandbreite der Fangmechanismen. Die mit glattem Wachs bestrichenen Blätter des Zwergkrugs sind eine Rutschbahn für Gliedertiere. Der Wasserschlauch dagegen benutzt als einzige Gattung eine Saugfalle und zieht die Beute unter Wasser mit Unterdruck in die Tiefe.

Anders die im westlichen Afrika beheimatete HakenblattLiane: Sie wechselt ihr Blätterkleid je nach Nährstofflage. In guten Zeiten legt sie gewöhnliche Blätter an. »Bei Stickstoffmangel bildet sie dagegen klebrige Blätter, um Insekten zu fangen«, so Dittrich. Das Hakenblatt ist ein besonders instruktives Beispiel für einen »eingefleischten Vegetarier«.

Warum werden Heuschrecken zur Plage?
Kinder müssen so manche Kitzelattacke über sich ergehen lassen. Kichernd liegen sie auf dem Boden, krümmen sich und schreien laut auf. Die fehlende Kontrolle darüber, ob eine sanfte oder schmerzhafte Berührung folgt, versetzt sie in höchste Spannung.

Wissen Sie, was passiert, wenn man eine Wüstenheuschrecke kitzelt? Wenn man immer wieder mit einem Pinsel über die Borsten ihrer Sprungbeine streicht? Kaum zu glauben, aber der Kitzelreiz macht aus dem sonst sesshaften Insekt einen wandernden Plagegeist.

Die Wüstenheuschrecke Schistocerca gregaria ist eigentlich ein Einzelgänger. Da ihr Lebensraum karg ist, hält sie sich von Artgenossen fern und denkt nicht daran, die wenige Nahrung, die sich etwa in der Sahelzone findet, mit anderen zu teilen. Sind die Witterungsbedingungen dagegen günstig, nutzen Heuschrecken dies als Chance, um sich rasant zu vermehren und zu verbreiten.

»Ein Weibchen kann etwa 100 Eier legen«, sagt Hans-Jörg Ferenz, Insektenphysiologe und Heuschreckenforscher an der Universität Halle. Die aus den Eiern schlüpfenden Insekten durchlaufen mehrere Larvenstadien. Zunächst hüpfen sie in Gruppen umher, nach der letzten Häutung werden aus den Hoppern geflügelte Insekten, unter ihnen etwa 50 neue geschlechtsreife Weibchen, die wiederum jeweils 100 Eier legen. »So baut sich schnell eine riesenhafte Population auf.«

Wenn das Gedränge auf den knapper werdenden Nahrungspflanzen größer wird, berühren sich die Insekten zwangsläufig, vor allem an den kräftigen Hinterbeinen. Der ständige Körperkontakt löst eine Metamorphose aus: Die Konzentration des »Glückshormons« Serotonin steigt, ihre Färbung verändert sich, aus den einzelgängerischen, grünlich braunen Lebewesen werden gesellige, gelb-schwarze Schwarmheuschrecken. Der Kitzelreiz ist nicht der alleinige Auslöser dafür. Auch Duftstoffe ihrer Artgenossen spielen eine wichtige Rolle bei der Verwandlung. »Aber der mechanische Reiz ist in der Tat dominant«, so Ferenz.

In Scharen brechen die Heuschrecken nun gemeinsam zu neuen Weidegründen auf. Jedes Insekt kann an einem Tag etwa die Menge fressen, die dem eigenen Körpergewicht entspricht. Ein Schwarm aus Millionen Heuschrecken frisst im Nu die Palmen und Zitrusfrüchte einer Oase, den Mais und die Hirse der Bauern in bewässerten Gebieten kahl. Fliegende Schwärme zu bekämpfen, ist daher ein hoffungsloses Unterfangen. Man muss sie frühzeitig beobachten und eindämmen, wenn das große Killekille beginnt.

Warum wechselt das Chamäleon seine Farbe?

Wir rennen nach dem Glück und mühen uns am Einkommen ab ohne Heimkommen. Alles Selbsttäuschung. Ein Chamäleon hat so etwas nicht nötig. Oder hat man je ein Chamäleon rennen sehen?

Kann es gar nicht – mit seinen Händen und Füßen, deren Finger und Zehen miteinander verwachsen und zu Greifzangen umgebildet sind. Geschickt umfasst es damit Äste und Zweige. Auf denen sitzt es stundenlang, darauf vertrauend, dass die Beute in Gestalt eines Insekts vorbeikommen wird. Unvorstellbar, dass ein Chamäleon dem Glück hinterher- oder vor Feinden wegläuft.

Anstatt sich selbst zu täuschen, täuscht das Chamäleon andere. Sein Verhalten ist voll auf Tarnung ausgerichtet. So lange es keinen Stress hat, ist es an seinen Lebensraum angepasst und einfarbig. Je nach Art, hat es einen eher grünen Grundton oder ist gelblich braun, wenn es in der Wüste oder Halbwüste lebt.

»Erscheint ein Rivale, nimmt das Chamäleon eine starke Kontrastfärbung an«, sagt Wolfgang Böhme, Herpetologe am Zoologischen Forschungsmuseum Alexander Koenig in Bonn. »Es bekommt dann zum Beispiel schwarze Punkte, weiße Streifen erscheinen an den Körperflanken, es bläht sich auf und reißt das Maul auf, um größer zu wirken.« Hilft all das nichts und verliert es den Revierkampf, der oft mit Kopfstößen ausgetragen wird, räumt das Chamäleon seine Niederlage ebenfalls durch eine Verfärbung ein. So wird es vom Sieger in Ruhe gelassen.

Chamäleons sind extreme Einzelgänger. Sie kommunizieren über ihre Färbung mit den Artgenossen. Die Weibchen legen sich unter gewissen Umständen eine Trächtigkeitsfärbung zu, um den Männchen mitzuteilen: Bei mir könnt ihr nicht landen!

Zwar dient der Farbwechsel primär der Kommunikation und dem Ausdruck von Stimmungen, daneben aber auch der Anpassung an die Temperatur. Ist es zu kalt, dunkelt das Chamäleon seine Haut ab, bei starker Hitze hellt sie sich auf und reflektiert mehr Sonnenlicht.

Pigmentartige Zellen ermöglichen den schnellen Farbumschlag. Sie sind über mehrere Schichten in der Haut verteilt und haben feine Verästelungen. Entlang der Verzweigungen können die Pigmentkörnchen hin und her wandern, zum Beispiel zur Hautoberfläche hin. Dann erscheint das Chamäleon dunkler. Je nach Gemütslage werden gelbe oder rote Pigmente aktiviert. Während unsereins allenfalls ein bisschen rot oder blass im Gesicht wird, verbirgt ein Chamäleon seine Stimmung nie.

Die Kommunikation über Farben unterscheidet Chamäleons von den meisten anderen Reptilien, die sich über Gerüche miteinander verständigen. Ein Komodowaran kann mit Hilfe seiner gespaltenen Riechzunge – seinem wichtigsten Sinnesorgan – Gerüche über Kilometer hinweg ausmachen und die Richtung bestimmen, aus der sie kommen. Das Chamäleon dagegen benutzt seine körperlange Zunge zu anderen Zwecken. »Die berühmte Chamäleonzunge ist ein hochspezialisierter Fliegenfänger mit greiffähigem, klebrigem Ende«, so Böhme. »Und diese Spezialisierung ging auf Kosten der gespaltenen Riechzunge der anderen Echsen.«

Warum sind Flamingos rosa?

Mit rot gefärbten Lippen ziehen Frauen Blicke auf sich. Im alten Ägypten war die Schminkkunst besonders weit entwickelt. Damals schminkten auch Männer ihren Mund mit einer zinnoberroten Paste, um den Göttern ähnlicher zu werden.

Ein Blick in die Natur zeigt, wie sehr Schmuckfarben bestimmte Qualitäten unterstreichen. Die Amsel zum Beispiel, ein dunkler Typ, trägt das ganze Jahr über Schnabelfarbe. Sie nimmt die entsprechenden Farbstoffe, die Carotinoide, mit der Nahrung auf. Steht sie gut im Futter, hat sie ein tief oranges Maul. Sichtlich gut genährte Männchen kommen bei den Weibchen besser an und stechen ihre blassen, gelbschnabeligen Rivalen aus.

Carotinoide gibt es in Hunderten von verschiedenen Varianten, ihre Farbpalette erstreckt sich von Gelb über das Rosarot der Flamingos bis Purpur. Sie werden ausschließlich von Pflanzen hergestellt, denn Carotinoide spielen bei der Photosynthese eine wichtige Rolle. So enthalten etwa Aprikosen oder Orangen offenkundig viel Beta-Carotin. Noch mehr davon findet man in Karotten oder Kürbissen, aber auch im Brokkoli, bei dem die entsprechenden Farbtöne durch Chlorophyll überdeckt werden.

Beta-Carotin ist sehr gesund. Es bindet freie Sauerstoffradikale und macht krebserregende Stoffe unschädlich. »Bei hoher Beta-Carotin-Konzentration ist auch die Haut besser gegen die Sonnenstrahlung geschützt«, sagt Bernhard Watzl, Ernährungswissenschaftler am Max-Rubner-Institut in Karlsruhe. Sie rötet sich dann in der Sonne nicht so schnell, auch wenn Möhrensalat die Sonnencreme nicht ersetzen kann.

»Wenn Kleinkinder regelmäßig pürierte Karotten essen und Karottensaft trinken, bekommen sie auffällig gefärbte Backen«, so Watzl. Auch bei Erwachsenen lagert sich Beta-Carotin in der Haut ein. Es färbt die Handinnenflächen und das Gesicht.

Wer allerdings Flamingos mit Karotten füttert – in Zoos hat man es tatsächlich versucht! –, wartet vergeblich auf den Rausch in Rosarot. Das Gefieder des Karibischen Rosaflamingos und verwandter Arten schillert nur deshalb in kräftigen Farben, weil diese Flamingos Carotinoide in hoch konzentrierter Form aufnehmen. Zum Beispiel über Krebse, die sich ihrerseits von Algen ernähren. Algen der Gattung Dunaliella sind äußerst farbstoffreich. Bleibt das spezielle Futter aus, verlieren die Vögel mit der nächsten Mauser ihre Farbenpracht. Die Flamingos sind dann auch nicht mehr so gut gegen Infektionskrankheiten geschützt.

Die Schönfärberei der Flamingos beginnt erst im reiferen Alter. Jungvögel haben einen grauen Flaum. Mama und Papa Flamingo füttern ihren Sprössling mit einer Art Milch, die viele Carotinoide enthält. Dennoch dauert es Jahre, ehe sich das graue Gefieder rosa oder orange färbt. Ähnlich wie bei den Amseln ist das äußere Erscheinungsbild auch bei Flamingos entscheidend für die Fortpflanzung: Ohne die rechte Federfarbe kommen sie bei potenziellen Partnern nicht an.

WISSEN UNTERM SONNENSCHIRM

Warum wird man auch im Schatten braun?

Die Farbpalette des Sonnenlichts ist breit. Aber nur selten fächert sich das ganze Regenbogenspektrum vor unseren Augen auf. Meist kommen bloß einzelne Farbtöne zum Vorschein. So ist der Himmel tagsüber von blauem Streulicht übermalt, weil Sonnenstrahlen in der Atmosphäre unterschiedlich stark an den Molekülen gestreut werden, blaues Licht stärker als rotes. Dagegen ist die Sonne am Horizont rot: Da ihr Licht dann einen weiten Weg durch die Lufthülle zurücklegt, wird der Blauanteil weggestreut.

Unser Wahrnehmungsvermögen endet am blau-violetten Rand des Regenbogens. Energiereicheres UV-Licht können wir nicht sehen. Es macht sich jedoch an seiner bräunenden Wirkung auf unserer Haut bemerkbar. Auch im Schatten.

»UV-Strahlung wird noch stärker gestreut als blaues Licht«, sagt Carsten Stick vom Institut für Medizinische Klimatologie der Universität Kiel. Er und seine Kollegen haben dieses UV-Streulicht des Himmels gemessen und dazu die direkte Sonnenstrahlung mit einer Schattenkugel ausgeblendet. Von »Schatten« kann dabei kaum noch die Rede sein, denn der vermeintliche »UV-Schatten« erweist sich als ziemlich hell. »Die gestreute Strahlung, die vom gesamten Himmelsgewölbe auf uns trifft, macht im kurzwelligen UV-Bereich über die Hälfte aus.« Mehr als die direkte Sonnenstrahlung.

In den Schatten fällt auch jenes UV-Licht, das vom Sand oder vom Wasser reflektiert wird. »Dieser Beitrag ist für kurwellige UV-Strahlung jedoch vergleichsweise gering.« Anders im Schnee, wo uns die vielen Lichtreflexionen blenden können.

Selbst ein Strandkorb hält nicht alles UV-Licht ab. Der Sonne abgewandt, lässt er noch 20 bis 25 Prozent der kurzwelligen UV-Strahlung hinein. Der Schatten im Strandkorb habe daher den gleichen Effekt wie eine Sonnencreme mit

Sonnenschutzfaktor vier bis fünf, so Stick. Das klingt nach wenig, reduziert die Sonnenbrand- und Hautkrebsgefahr aber bereits deutlich.

Sonnencreme kann ebenfalls ein trügerischer Schutz sein. Nur wenige Menschen cremen sich regelmäßig am ganzen Körper ein. Zudem belastet die pralle Sonne einige Körperpartien extrem: Nasenrücken, Ohrenränder, Dekolletee oder Oberschenkel sind solche »Sonnenterrassen«. Im Schatten wird man langsamer braun, aber gleichmäßiger. Die Haut altert hier nicht so schnell.

Selbst Schäfchenwolken am Sommerhimmel machen den Sonnenschutz nicht überflüssig. Scheint die Sonne durch gleißende Wolken, können diese wie Kulissenstrahler zusätzliches Licht zum Boden werfen. Auf Sylt haben die Kieler Forscher an einem Sommertag mittags um 13 Uhr 07 eine Rekordleistung gemessen: 1400 Watt pro Quadratmeter. Bei bewölktem Himmel.

Warum bleichen Haare in der Sonne?

Im Sommer bin ich kontaktfreudiger. Dann bevorzuge ich auffällige Farben. Meine derzeitige Lieblingshose ist orange. So knallig wie im Vorjahr ist sie allerdings nicht mehr, denn das Schicksal jeder Lieblingshose ist es, dass sie oft getragen, gewaschen, gebügelt wird und deshalb ausbleicht. Vor allem, wenn sie immer wieder die volle Sonne abkriegt.

Das Licht der Sonne setzt sich aus allen möglichen Farben zusammen. In unseren Augen erscheint diese Mischung farblos, weil wir mit dem natürlichen Licht groß geworden sind. Meine Hose hingegen ist farbig, weil sie einen Teil dieses Lichts absorbiert. Das tun Farbstoffmoleküle, die aus dem Spektrum die von ihnen bevorzugte Lichtenergie herausfiltern. Den Rest werfen sie zurück. So fehlt dem Licht, das meine Hose zurückstrahlt, ein bestimmter Blauanteil, sie wirkt orange.

Wie breit die Palette der natürlichen Farbstoffe und Strukturfarben ist, lässt die Farbenpracht von Pfauen oder Papageien erahnen. Dagegen hat der Mensch, abgesehen von Hemd und Hose, nicht viel Farbiges an sich. Nur zwei Farbpigmente, Eumelanin und Phäomelanin, bestimmen die Farbe unserer Haut und Haare.

Hellblondes Haar enthält wenig Pigmentkörner, hauptsächlich gelb-rotes Phäomelanin. In meinem Haar ist der Anteil an Eumelanin höher. Dieser komplexe Farbstoff absorbiert so viel Licht, dass mein Haar braun-schwarz erscheint. Außerdem fängt Eumelanin die aggressive UV-Strahlung besser auf, weshalb dunkle Hauttypen nicht so leicht Sonnenbrand bekommen.

Bei intensiver Sonnenstrahlung können die Farbstoffe die aufgenommene Lichtenergie allerdings nur noch teilweise als Wärme weiterleiten. Denn die Pigmente werden nach und nach in kleinere Einheiten gespalten und zerstört. »Damit ändert sich die Farbe der Haare«, sagt Annette Schwan-Jonczyk, Chemikerin bei Wella/P&G, »sie bleichen aus.« Blonde Haare würden optisch zwar weniger stark aufgehellt als braune, seien aber schlechter geschützt. Das kann zu gespaltenen Haarspitzen und schlechter kämmbarem Haar führen.

Wenn man sich im ausgiebigen Strandurlaub häufig mit nassen Haaren in die pralle Sonne begibt, nimmt das chemische Schicksal noch schneller seinen Lauf. Im Zusammenspiel mit Wasser wird der Farbstoff Melanin rascher abgebaut. »Das fällt erst ein bis zwei Monate später richtig auf, wenn ungebleichte Haare nachwachsen.« Da Kopfhaar etwa einen Zentimeter pro Monat wächst, trägt manch einer den Sommer noch im Herbst mit sich herum, wenn an den Bäumen schon die Blätter welken.

Warum müssen wir beim Schwimmen öfter zur Toilette?

Sextanerblase. Das klingt so, als wären es nur die Kinder, die im Schwimmbecken gelegentlich Wasser lassen und damit die Qualität des Badewassers merklich verschlechtern. Denn die Harnstoffe werden hier zu Chloraminen und anderen chemischen Substanzen umgewandelt, die übel riechen, Augen und Schleimhäute reizen. Aber nicht nur die Kleinen haben eine Schwimmblase. Unter den Tätern sind viele Erwachsene. Auch sie müssen beim Schwimmen öfter zur Toilette.

Das Problem beginnt mit dem Einstieg ins Wasser. Die Blutzirkulation in unserem Körper ist an die Landbedingungen angepasst, wo sich aufgrund der Schwerkraft tendenziell mehr Blut in den Beinen sammelt. Im Wasser dagegen erfährt jeder Körper zusätzlich zur Schwerkraft einen nach oben gerichteten Auftrieb, das Gewicht verringert sich scheinbar. Daher können wir schwimmen. Es kommt aber auch zu einer Umverteilung unseres Blutes aus den Beinen in die obere Körperhälfte.

Bei längerem Aufenthalt im Wasser beginnt man außerdem zu frieren – im See oder im Meer noch schneller als im wärmeren Schwimmbad. Der Körper versucht, den Wärmeverlust für die inneren Organe dadurch zu vermindern, dass er die Blutgefäße an Armen und Beinen verengt. Sie können dann weniger Blut fassen. Wiederum wird überschüssige Flüssigkeit zum Brustkorb und zum Herzen transportiert.

»Dem Regelsystem unseres Körpers wird auf diese Weise vorgegaukelt, dass wir ein zu hohes Blutvolumen haben«, sagt Claus-Martin Muth, Experte für Tauchmedizin und Oberarzt der Anästhesiologie an der Uniklinik Ulm. Das Blutvolumen wird ständig überwacht, und zwar von Rezeptoren, die vor allem in den Wänden der Herzvorhöfe sitzen. »Registrieren sie zu viel Blut, wird die Niere alarmiert, Flüssigkeit auszuscheiden.« Zeit für eine Pinkelpause.

Bei Tauchern verschärfe sich die Situation manchmal noch durch einen eng sitzenden Neoprenanzug und eine leichte Schräglage mit Kopf nach unten und Füßen nach oben, so Muth. Beides erhöhe die Blutmenge im Brustkorb. Der stärkere Harndrang gehört daher zum Tauchen wie viele andere Unterwassererlebnisse. Wegen der angenehmen Wärme des ausströmenden Urins ist die diskrete Verrichtung auch als »Taucherheizung« bekannt.

Das Schwimmbad aber ist kein Meer, in dem sich der Harn schnell verflüchtigt. In Frei- und Hallenbädern gibt es für solche Bedürfnisse ein gesondertes Örtchen. Sonst hört der Badespaß irgendwann auf.

Warum läuft die Strandkrabbe seitwärts?

Barfuß durchs Watt und unter den Füßen das pralle Leben. Unter jedem Quadratmeter Wattboden tummeln sich Millionen Lebewesen: Einzeller, winzige Bärtierchen und kleinste Würmer. Wer allerdings nicht mit einem Spaten unterwegs ist und ab und an eine Stichprobe nimmt, bekommt selbst von den etwas größeren Wattwürmern und Muscheln wenig mit.

Eine ausgewachsene Strandkrabbe übersieht man dagegen nicht so leicht. Wenn sie ihre beiden offenen Scheren nach oben hält, bekommen viele Wattwanderer kalte Füße. Der gepanzerte Krebs scheint für Begegnungen mit nackten Zehen bestens gerüstet. Etwaigen Scherereien geht man daher lieber aus dem Weg.

Die Strandkrabbe trägt zwei kräftige Zangen vor sich her. Bei genauerem Hinsehen stellt man fest, dass die eine von ihnen, die Greifschere, dünner und länger ist. Mit ihr packt die Krabbe ihre Beute und führt die Nahrung zum Mund. Die dickere der beiden ist die Knackschere. Damit bricht sie die Schalen von Muscheln und Kleinkrebsen auf und zerkleinert die Speise.

Eine Strandkrabbe isst also mit Messer und Gabel. Sie trägt ihr Essbesteck immer mit sich herum. Die etwas kleineren Weibchen fressen vorzugsweise Würmer, die Männchen mit ihren stärkeren Scheren ernähren sich von Muscheln, manchmal auch von weniger wehrhaften Artgenossen. Weil sie auch Kadaver essen, sind sie im Watt eine Art Gesundheitspolizei.

Während sie wachsen, häuten sich die Tiere und legen neue Rüstungen an. Sie zählen zu den Kurzschwanzkrebsen, sind breiter als lang, müssen aber abgesehen von ihren Scheren noch vier Beinpaare unter dem gedrungenen Körper unterbringen.

»Wenn sie schnell sein wollen, müssen sie seitlich laufen, weil ihre Beine sehr dicht beieinander liegen und eine Vor- und Rückwärtsbewegung kaum zulassen«, sagt Christian Buschbaum von der Wattenmeerstation Sylt des Alfred-Wegener-Instituts für Polar- und Meeresforschung. Nach vorne, wo die dicken Scheren im Weg liegen, können sie nur Trippelschritte machen, seitwärts sind sie schneller. »Deshalb heißen sie auf Friesisch ›Dwarslöper‹, also ›Querläufer‹.«

Junge Krebse, die noch in der Krabbelstube sind, müssen immer auf der Hut sein. Bei Gefahr ziehen sie sich in Muschelbänke zurück oder verstecken sich unter Algen. Manchmal muss aber selbst eine ausgewachsene Strandkrabbe fliehen.

»Sie wird gerne von Möwen gefressen«, so der Meeresökologe. Erfahrene Möwen packen die Krabbe, lassen sie aus 20 Metern Höhe fallen und picken sie nach der Bruchlandung genüsslich auf. Wer so viel frisst wie der räuberische Panzerknacker, wird eben irgendwann selbst zum Leckerbissen.

Warum hält sich Schweißgeruch in der Wäsche?

Am Abend tropfnass aufgehängt, am Morgen bügelglatt – so pflegelicht stellt man sich Wäsche vor und so warb man in der Nachkriegszeit für Nyltest-Hemden. Singles fühlten sich besonders davon angezogen. Doch kaum auf dem Markt, entfalteten Nyltest-Hemden eine strenge olfaktorische Wirkung. Sie rochen wie eine reichhaltige Mischung aus Umkleideraum-Konzentrat. Bald war klar: Männer in Nyltest würden wohl für immer alleinstehend bleiben.

Dabei riecht frischer Schweiß überhaupt nicht. Er schafft lediglich das feuchte Milieu, in dem Bakterien florieren. Die Mikroben vermehren sich besonders unter den Achseln, wo sich die Feuchtigkeit nicht so schnell wieder verflüchtigt. Dort befinden sich auch die apokrinen Schweißdrüsen, die bei Stress oder sexueller Erregung Fette, Eiweißstoffe und Steroide ausscheiden und einen guten Nährboden für Bakterien schaffen.

»Schweißgeruch entsteht erst durch die Abbauprodukte der Mikroorganismen«, sagt Hans-Jürgen Buschmann vom Deutschen Textilforschungszentrum Nord-West e. V. in Krefeld. Übel riechende kurzkettige Fettsäuren und ähnlich penetrante Zersetzungsprodukte des männlichen Sexualhormons Testosteron zählen dazu. Saugt eine Faser diesen Schweißcocktail auf, setzen die Mikroben ihr Werk auf der feuchten Wäsche fort. Sie fängt an zu riechen. Wie schnell und wie stark, hängt vom Material ab.

»Baumwollfasern haben viele Oberflächenstrukturen, die Wasser festhalten können«, so der Chemiker. Sie nehmen viel Feuchtigkeit auf, transportieren sie aber auch wieder nach außen. Bei speziellen Sportlerhemden erfolgt dieser Flüssigkeitstransport noch zügiger.

Feuchtigkeit ist jedoch nicht das alleinige Kriterium. Entscheidend für den dauerhaften Schweißgeruch von Nyltest-Hemden ist vielmehr, dass Nyltest die Abbauprodukte, die im Schweiß enthalten sind, langfristig speichert. Sie dringen in die synthetische Faser ein und werden von Waschmitteln, die nur die Oberfläche vom Schmutz befreien, nicht herausgelöst. Die Faser wirkt wie ein Depot für Achselduft. »Nach fünf Mal Tragen konnte man ein Nyltest wegwerfen.«

Der Textilexperte Buschmann rät: Stark verschwitzte Wäsche erst gut trocknen, bevor sie in den Wäschekorb kommt, dann sterben die Bakterien früher. Für regelmäßiges Ausdauertraining kann man gegebenenfalls Funktionskleidung kaufen. »Synthetische Fasern sind besser als ihr Ruf.« Trotz Nyltest.

Warum ist die Sonne kugelrund?

Wenn die Sonne tief am Horizont steht, verfärbt sie sich nicht nur, sondern gerät auch etwas aus der Form. Bei einem Sonnenuntergang sieht sie abgeplattet aus. Das Sonnenlicht wird nämlich beim Durchgang durch die Atmosphäre zum Erdboden hin abgelenkt. Und je länger der Weg der Strahlen durch die Atmosphäre, umso stärker der Effekt. Am Horizont macht sich das dann bemerkbar: Das Licht vom unteren Sonnenrand wird stärker gebrochen als das vom oberen, die Sonne erscheint uns flacher.

Tatsächlich ist sie kugelrund. Selbst mit Satellitenmessungen gelingt es kaum, Unregelmäßigkeiten in der Kugelgestalt auszumachen. Nachdem Forscher die Sonne viele Jahre lang mit dem amerikanisch-schweizerischen Sonnensatelliten »Rhessi« beobachtet hatten, stellten sie einmal mehr fest, dass der Sonnenball viel ebenmäßiger ist, als es Erde, Mond und sämtliche Planeten sind.

Alle Himmelskörper werden von der Schwerkraft zusammengehalten. »Die Schwerkraft wirkt in alle Richtungen des Raumes gleich und würde aus allen Himmelskörpern Kugeln machen«, sagt Werner Curdt vom Max-Planck-Institut für Sonnensystemforschung in Katlenburg-Lindau. Aber

Planeten sind keine vollkommenen Kugeln. Ein Grund dafür: Sie stehen nicht still, sondern drehen sich um ihre Achse, die Erde einmal in 24 Stunden. »Dabei erfährt die Materie, die weiter von der Drehachse entfernt ist, größere Fliehkräfte.«

Infolgedessen sind Planeten am Äquator ausgedehnter als an den Polen. Der Durchmesser der Erde beträgt am Äquator 12 756 Kilometer, von Pol zu Pol sind es 43 Kilometer weniger. Mit bloßem Auge, etwa auf Satellitenfotos der Erde, ist diese kleine Differenz nicht wahrnehmbar. Anders bei den schnell rotierenden Gasplaneten Jupiter und Saturn. Sie sind weniger rund. Der Saturn misst am Äquator 120 000 Kilometer, der Poldurchmesser ist sichtbare 12 000 Kilometer kleiner.

Auch die Sonne rotiert. Das stellte Galileo Galilei schon im 17. Jahrhundert anhand der Beobachtung der Sonnenflecken fest. Aber sie dreht sich gemächlich im Monatsrhythmus. Die Fliehkraft ist klein im Verhältnis zur Schwerkraft, eine Abflachung der Pole fast nicht messbar. Bei einem Sonnendurchmesser von 1,4 Millionen Kilometern beträgt die Abflachung nur wenige Kilometer.

Schnell rotierende Sterne sehen anders aus als die Sonne. Zum Beispiel Achernar im Sternbild Eridanus, der zu den Top Ten der hellsten Sterne am Himmel gehört. Astronomen haben ihn mit dem Very-Large-Telescope in Chile ins Visier genommen. Ihr Ergebnis: Achernars Äquatordurchmesser ist zwölf Mal so groß wie der der Sonne, von Pol zu Pol aber erreicht er jedoch nicht einmal die achtfache Sonnenausdehnung. Von einer Kugelgestalt kann da keine Rede mehr sein.

Warum kühlt Pfefferminz?

Über der Badewanne hängt ein oranges Thermometer. Meine Frau und ich benutzen es selten. Wir haben keine

Schwierigkeiten, uns auf eine Badetemperatur zu einigen, die wir beide als angenehm empfinden.

Im Urlaub ist das anders. Kaum sind wir am Meer, springt sie ins Wasser. Auch bei 14 oder 15 Grad Celsius Wassertemperatur. Für mich fängt der Spaß erst bei gemessenen 19 Grad an. Denn obwohl wir schnell miteinander warm geworden sind, reagieren wir auf Kälte völlig unterschiedlich. Wieso?

Die Kälterezeptoren unseres Körpers werden seit einigen Jahren mit neuen Mitteln erforscht. Als hilfreich hat sich dabei Menthol erwiesen. In hoher Dosis eingenommen, etwa in Form von Pfefferminzbonbons oder »Fisherman's Friends«, sorgt es im Gaumen für einen Anflug arktischer Frische.

Menthol stimuliere dieselben Rezeptoren, die üblicherweise auf Kälte reagieren, sagt Thomas Jentsch vom Leibniz-Institut für Molekulare Pharmakologie in Berlin-Buch. »Dem Körper wird vorgegaukelt, dass es kühl ist.« Wissenschaftlern bietet das die Möglichkeit, unsere Kältefühler auch auf chemischem Weg gezielt anzusprechen.

Die Zellen unseres Körpers sind von einer Membran umgeben, die für manche Stoffe durchlässig ist, für andere nicht. Wie Jentsch erklärt, hat die Membran unter anderem Poren, die auf bestimmte Botenstoffe reagieren und sich nur in deren Anwesenheit öffnen. Geht ein solcher Kanal auf, können etwa Kalium- oder Kalzium-Ionen passieren.

Ionen sind elektrisch geladene Teilchen. Mit dem Ionenfluss ändert sich daher die elektrische Spannung der Membran. So entsteht ein elektrischer Reiz, der über den Nerv zum Rückenmark und weiter zum Gehirn gelangt und Kälte signalisiert. Dieser Kälteeindruck kann aber auch vom Menthol herrühren. Als Botenstoff erhöht es die Öffnungsfreudigkeit des betreffenden Ionenkanals TRPM8 genauso wie eine niedrige Temperatur.

Interessanterweise wird der Kältereiz bei keiner exakten

Temperaturschwelle ausgelöst. Während unsere Wärmerezeptoren ziemlich genau bei 43 Grad Celsius anspringen, variiert das Kälteempfinden stärker von Mensch zu Mensch, so auch zwischen meiner Frau und mir.

Anscheinend sind am Kälteempfinden neben dem TRPM8-Kanal noch weitere Faktoren beteiligt. Wie wichtig diese Ionenschleuse jedoch ist, haben Forscher an gentechnisch veränderten Mäusen nachgewiesen. Den Mäusen geht der Sinn für Kälte gänzlich verloren, wenn ihnen das Gen für den TRPM8-Rezeptor genommen wurde.

Warum löscht Meerwasser nicht den Durst?

Seevögel trinken Meerwasser. Es ist zwar drei bis vier Mal so salzig ist wie ihr Blut, aber über spezielle Drüsen in ihrem Schädel können sie das überschüssige Salz entfernen. Wären wir ähnlich ausgestattet, wären sämtliche Wasserprobleme der Menschheit gelöst. Doch für uns ist Meerwasser ungenießbar. Seine Salzkonzentration kann bis zu 39 Gramm je Liter erreichen, die unseres Blutes hingegen liegt bei nur etwa 9 Gramm pro Liter.

Unser Körper reguliert den Salzhaushalt über die Nieren. Sie bestehen aus unzähligen Kapseln und kleinen Blutgefäßen und sind stärker durchblutet als jedes andere Organ. Auf dem Weg durch dieses Mikrofiltrier- und Röhrensystem wird das Blut gereinigt, wertvolle Bestandteile werden zurückgewonnen. So enthält unser Harn keine Fette, in der Regel weder Eiweißstoffe noch Zucker. Auch der größte Teil des Wassers wird zurückbehalten. Allerdings können die Nieren keinen beliebig stark konzentrierten Urin erzeugen. Je mehr Salz wir aufnehmen, umso mehr Wasser benötigen wir daher, um dieses wieder auszuschwemmen. So haben wir nach einem salzigen Essen mehr Durst, salzarme Kost dagegen trägt dazu dabei, dass sich der Flüssigkeitsbedarf verringert und der Blutdruck sinkt.

Schiffbrüchige, die einen Liter Meerwasser trinken, brauchen ungefähr eindreiviertel Liter Wasser, um das überschüssige Salz zu eliminieren. »Ihr Körper versucht, das Salz wieder loszuwerden, und greift auf die Wasserreserven in den Zellen zu«, sagt Ulrich van Laak vom Schifffahrtmedizinischen Institut der Marine in Kronhagen. Der so erlittene Wasserverlust schadet den Zellen, am schnellsten denen des zentralen Nervensystems. »Die Betroffenen werden unruhig, fangen an zu halluzinieren und fallen ins Koma.«

Auf offenem Meer umhertreibend, ist die Versuchung jedoch groß, dem Durstgefühl nachzugeben. »Es ist schwer, auf dem Wasser zu schwimmen und keines zu trinken«, so van Laak. Besser aber ist es, auf Rettung oder Regen zu hoffen, Tau einzusammeln – oder fliegende Fische.

Das ist kein Scherz! Auf hoher See landet tatsächlich ab und an ein Fisch auf dem Deck eines Bootes oder einer Yacht. Wenn man ihn ausquetscht, kommt eine Menge Körperflüssigkeit heraus – erstaunlicherweise Süßwasser. Denn obschon Fische im Meer leben, enthält auch ihr Blut nur etwa 9 Gramm Salz je Liter. Das verdanken sie ihren Kiemen, die wie kleine Meerwasserentsalzungsanlagen arbeiten. Fische regulieren ihren Salzhaushalt äußerst effizient. Sie sind unsere Blutsverwandten und manchmal unsere letzte Rettung.

Warum bildet Öl einen Teppich?
»Der Tag, an dem das Wasser starb« – so nennen ortsansässige Fischer jene schwarze Stunde, als der Öltanker »Exxon Valdez« auf das Riff der Prinz-William-Bucht vor Alaska lief. Kurz nach Mitternacht des 24. März 1989 begann die bis dahin schlimmste Ölpest in der Geschichte Nordamerikas. Der Supertanker verlor 40 Millionen Liter Rohöl und verseuchte eine 2000 Kilometer lange Küste.

Schätzungsweise 250 000 Seevögel verendeten, Tausende Seeotter, Robben und andere Tiere starben, weil ihnen das Rohöl Fell und Gefieder verklebte.

Öl ist schwer abwaschbar. Im Gegensatz zu vielen anderen Stoffen löst es sich nicht in Wasser, sondern schwimmt, da es leichter ist, obenauf. Zucker und Salze verhalten sich völlig anders. Sie umgeben sich sofort mit einer Hülle aus Wassermolekülen. Diese Affinität beruht darauf, dass Wassermoleküle – bestehend aus zwei Wasserstoffatomen und einem Sauerstoffatom – an einem Ende positiv, am anderen negativ geladen sind. Sie haben zwei Pole. Das macht sie für Zucker attraktiv und Wasser zum universellen Lösungsmittel.

Völlig unbeeindruckt davon sind Substanzen mit einer gleichmäßigen Ladungsverteilung. »Die Alkane, lange Ketten aus Kohlenstoff und Wasserstoff, lösen sich nicht in Wasser«, sagt Heinrich Hühnerfuß vom Institut für organische Chemie der Universität Hamburg. »Man bezeichnet sie als hydrophob.« Die Ketten selbst werden nur durch schwache Bindungskräfte zusammengehalten und gleiten gut aneinander vorbei. Daher ist Öl so schmierig.

Rohöl ist ein Gemisch aus solchen wasserabweisenden Ketten. Es gibt aber auch Kohlenwasserstoffschlangen, die wie Fisch- oder Pflanzenöl an einem ihrer Enden einen wasserliebenden Kopf aufweisen. Dieser Kopf enthält Sauerstoffatome, ist polar und versucht, in Kontakt mit der Wasseroberfläche zu kommen.

Hühnerfuß hat gemessen, dass sich Pflanzenöl auf dem Meer mit Geschwindigkeiten von 20 oder 30 Zentimetern pro Sekunde ausbreitet. »Jedes der Moleküle möchte die energetisch günstigste Position am Rand einnehmen.« Schließlich bildet das Öl einen dünnen Film, der bestenfalls nur noch aus einer einzigen Moleküllage besteht.

Rohöl ist zäher. Und wasserabweisend. Deshalb entstehen ausgedehnte Ölteppiche nur bei Wind und Strömung.

Mit der Zeit verdunsten die flüchtigen Anteile, das Öl verdichtet sich zu einer bräunlich-schaumigen Masse und ekligen, teils toxischen Klumpen.

Warum hüpfen Steine auf dem Wasser?

Runde, flache Steine üben auf manche Männer einen besonderen Reiz aus. Auf der Suche nach solchen Kieseln schleichen sie in gebückter Haltung am Meeresufer entlang und holen nach jedem Fund zum großen Wurf aus. Um die Technik zu optimieren, waten einige Steineditscher bis zu den Knien ins Wasser hinein. Kann ihnen ein bisschen Physik auf die Sprünge helfen?

Beginnen wir mit dem Unterschied zwischen einem Kopfsprung und einem Bauchplatscher: Beim Kopfsprung weicht das Wasser sofort zur Seite aus. Es umströmt unseren Körper, wir tauchen ab. Ein Bauchplatscher dagegen bietet dem Wasser eine so große Aufprallfläche, dass es nicht schnell genug ausweichen kann. Wir bekommen seine Trägheit und Härte zu spüren.

Bei Steinen ist es ähnlich. Ein flacher Stein, der kopfüber, mit der Vorderkante nach unten, aufs Wasser trifft, geht sofort unter. Damit er eine Chance hat, am Wasser abzuprallen und zu hüpfen, muss der Wurf ein Bauchplatscher sein. Der Stein muss flach aufsetzen, und zwar mit dem hinteren Ende zuerst.

Außerdem benötigt er eine hohe Vorwärtsgeschwindigkeit. Dann braust er kurzzeitig wie ein Wasserskifahrer mit aufgestellten Ski davon. Das Wasser wird nach unten abgelenkt, kann dem Stein aber nicht beliebig schnell Platz machen. Je nach Tempo und Anstellwinkel staut es sich vor ihm auf, der Stein springt über die Bugwelle wie über eine Schanze.

Einmal ist keinmal. Die meisten Würfe enden jedoch bereits nach dem ersten Hüpfer, weil der Stein seinen ursprünglich flachen Anstellwinkel nicht beibehält, sondern herumtorkelt und kippt. Der springende Punkt beim Ditschen: Der Stein muss rotieren.

Ambitionierte Werfer geben ihm beim Abwurf einen Drall mit dem Zeigefinger. »Der anfängliche Kick, der den Stein in eine Umdrehung versetzt, ist der Schlüsselfaktor für einen guten Wurf«, so der Physiker Lydéric Bocquet von der Universität Lyon. Die Rotation stabilisiert die Lage des Steins während des Flugs wie bei einer Frisbeescheibe. Der Effet geht auch beim Aufsetzen nicht verloren.

Von Hüpfer zu Hüpfer werden Bewegungs- und Drehenergie allerdings durch Reibungsverluste allmählich aufgebraucht. Die Sprungweite nimmt ab, der Stein schlittert schließlich nur noch, ehe er langsam sinkt. Um beim Steineditschen zu brillieren, sind ein hohes Anfangstempo und ein starker Drehimpuls vonnöten. 51 Sprünge hat der Amerikaner Russell Byars im Juli 2007 auf diese Weise geschafft.

Warum gleiten Papierflieger?

Zu fliegen wie ein Vogel – diesen Traum träumte Leonardo da Vinci ein Leben lang. In seinen Notizbüchern finden sich zahllose Skizzen künstlicher Flugapparate. Leonardo bereitete es sichtliche Schwierigkeiten zu begreifen, dass Fliegen nicht unbedingt Flattern bedeutet. Dennoch gilt er als Vater des Papierfliegers, denn er ließ kleine Flieger aus Pappe von einer Brücke hinab starten und analysierte ihre Bewegungen.

Papierflieger besitzen keinen eigenen Antrieb. Sie müssen beim Start eine gewisse Höhe haben oder erreichen, um später lange zu gleiten. Im Schülerlabor des Deutschen Zentrums für Luft- und Raumfahrt in Göttingen erläutert der Physiker und Segelflieger Oliver Boguhn, dass der Flieger seine Geschwindigkeit aus der Schwerkraft zieht. Ähnlich wie ein fallender Stein gewinne er beim Sinkflug an

Tempo. »Was er an Luftwiderstand erfährt, gleicht er durch Höhenverlust aus.«

Ein weltrekordverdächtiger Flug beginnt mit einem rasanten Aufstieg bis in 15 oder 18 Meter Höhe. Der Aufstieg wird durch leicht nach oben gebogene Heckkanten begünstigt. So entsteht ein zusätzlicher Luftwiderstand, der das Heck nach unten drückt, die Nase kommt nach oben.

Kaum nach oben geworfen, verliert der Flieger an Geschwindigkeit. Der Luftwiderstand bremst ihn, die Nase neigt sich. Jetzt entscheidet sich, ob er gleiten kann oder abstürzt.

Ausschlaggebend für den stabilen Gleitflug ist die Lage des Schwerpunkts. »Faltet man das Papier so, dass der Schwerpunkt sehr weit vorne liegt, wird er kopflastig und macht einen Sturzflug.« Liegt der Schwerpunkt zu weit hinten, richtet sich der Flieger auf, steigt nach oben und kann ebenfalls abstürzen. Die Kunst des Faltens beherrscht man erst dann perfekt, wenn sich bei richtigem Schwerpunkt der optimale Anstellwinkel einstellt, der dem Flieger Auftrieb verleiht.

Vor dem Start ist zu beachten, dass die Tragflächen leicht nach oben geklappt sind. Sonst kommt der Flieger ins Trudeln. Noch stabiler wird die Fluglage, wenn man das Papier an den äußeren Flügelkanten senkrecht nach oben knickt. »Wegen des höheren Widerstandes ist das Flugzeug dann nicht mehr so drehfreudig«, so Boguhn.

Ein langer Deltaflieger oder Moskito behält seine Flugrichtung besonders gut bei. Sein Nachteil: Die Tragflächen sind klein. Der Planarflieger ist der bessere Gleiter. Um ihm große Flügel zu geben, faltet man die Oberkante eines Din-A4-Blattes auf ganzer Breite mehrfach (etwa bis zur Mitte) und anschließend den Rumpf. Das Modell sieht nicht gerade windschnittig aus, es bleibt aber lange in der Luft!

WISSEN VOR DEM WETTERUMSCHWUNG

Warum überleben Mücken einen Wolkenbruch?

Insekten waren die ersten Tiere, die das Fliegen erlernten. 300 Millionen Jahre Flugerfahrung haben Akrobaten der Lüfte aus ihnen gemacht. Wer den Flugkünstlern mit einer Klatsche hinterjagt, verfehlt meist sein Ziel. Eine Gemeine Stubenfliege landet mit Rückwärtssalto an der Decke. Doch ehe man sie erwischt, macht sie sich mit 150 Flügelschlägen pro Sekunde davon.

Was für uns ein Kinofilm ist, ist für sie eine Diashow. Fliegen und Mücken nehmen in jeder Sekunde bis zu 200 Bilder wahr. Viele hundert Einzelaugen gewähren ihnen eine Rundumsicht. Entsprechend rasch reagieren sie. »Es dauert nur 50 Millisekunden, ehe das Insekt auf eine drohende Fliegenklatsche mit Muskelkontraktionen antwortet«, sagt Fritz-Olaf Lehmann, Insektenflugexperte an der Universität Ulm. Das sei fünf bis zehn Mal schneller, als ein Autofahrer auf das Bremslicht des Vordermannes reagiere.

Bei Regen hilft das den Tieren jedoch wenig. »Insekten können zwar schnell sehen, aber ihr räumliches Auflösungsvermögen ist schlecht.« Regentropfen von wenigen Millimetern Durchmesser kann die Mücke nicht ausweichen. Die Tropfen sind zu klein, sie erkennt sie erst, wenn es bereits zu spät ist. Was also macht sie bei Regen?

Stechmücken mögen's feucht. Sie halten sich gern unter Bäumen und im Gebüsch auf. Bei Nieselregen sind sie noch flug- und stechaktiv, denn leichter Regen dringt nicht gleich in ihren Körper ein. Eine wachsbeschichtete Außenhaut schützt sie wie eine Regenjacke. Ein kleiner Tropfen bricht ihnen auch nicht gleich die Flügel, die wegen des darin enthaltenen Resilins äußerst elastisch sind.

Doch bei starkem Regen macht das Insekt die Mücke. Es sucht einen sicheren Unterschlupf. Die Gefahr, von einem Tropfen zu Boden geschlagen zu werden, ist zu groß. Einen Absturz in eine Wasserpfütze übersteht eine Mücke ebenso wenig wie den Fall in ein Bierglas.

Gelegentlich hört man, die Druckwelle vor dicken Tropfen könnte leichtgewichtige Insekten zur Seite ablenken – ähnlich wie der Luftstau vor einem nahenden Pantoffel eine Hausmücke womöglich aus der Gefahrenzone fegt, weshalb handelsübliche Klatschen Löcher haben. Aber selbst dicke Regentropfen haben nicht mehr als drei bis vier Millimeter Durchmesser. Dann sind sie flach und in der Mitte eingedellt, eine seitliche Ablenkung der Mücke ist unwahrscheinlich.

Wenn's draußen schüttet, hat die Mücke ein Blatt überm Kopf oder sie hat sich ein Plätzchen in einer Baumhöhle gesucht. Lange Regenperioden verkürzen ihre Lebenszeit. Während ein Anfang Mai geschlüpftes Stechmückenweibchen bei geeigneter Witterung bis in den August hinein überleben und Eier legen kann, stirbt es in einem nassen Sommer deutlich früher.

Warum ist man im Auto vor Blitzen sicher?

Zum ersten Mal traf sie der Blitz am 15. September 1983 vor dem Postamt in Fort Lauderdale in Florida. Zehn Jahre später, am 27. Mai 1993, schlug das Schicksal ein zweites Mal zu: Während Linda Cooper den Telefonhörer in der Hand hielt und mit ihrer Tochter sprach, entlud sich ein Blitz über ihrer Telefonleitung. In ihrer Heimat Florida tosen so häufig Gewitter wie in kaum einer anderer Region der Erde. Viele der jährlich etwa 500 Blitzopfer in den USA kommen von hier, knapp jeder Zehnte stirbt an den Folgen.

Bei einem Gewitter bauen sich zwischen Wolken und Erdboden elektrische Spannungen von etlichen Millionen Volt auf. Sie entladen sich plötzlich. Die in den Wolken getrennten Ladungsträger breiten sich gemeinsam im Blitzkanal entlang des geringsten elektrischen Widerstands aus, im Zickzackkurs. In Bodennähe suchen sie sich geeignete Einschlagpunkte wie aus der Umgebung herausragende

Bäume, Masten oder den Blitzableiter auf hohen Gebäuden.

Ein Pkw hat eine elektrisch leitende Hülle. Metalle leiten den Strom gut. Sie verfügen über viele nur schwach gebundene Elektronen, die bei anliegender Spannung zu wandern beginnen. Ist man also im Auto besonders blitzgefährdet?

Im Gegenteil! Man tut gut daran, sich in den Wagen zurückzuziehen, wenn man von einem Gewitter überrascht wird. »Das Auto mit seiner geschlossenen Karosserie ist ein Faradayscher Käfig«, sagt Wilfried Kalkner, Leiter des Fachgebiets Hochspannungstechnik an der Technischen Universität Berlin. »Wenn es vom Blitz getroffen wird, geht der Blitz in die metallische Hülle, sucht sich den Weg des geringsten Widerstands bis zu den Felgen und überschlägt den kurzen Abstand zum Boden.« Der Strom fließt außen herum, im Innern des Käfigs ist man sicher. »Selbst in Cabriolets mit Textilverdeck«, betont Kalkner. Das Verdeck wird nämlich meist von einem metallischen Gestänge gehalten.

Ein Blitzschlag dauert nur Bruchteile einer Sekunde. Die Spannung ändert sich so schnell, dass der fließende Strom ähnliche Eigenschaften aufweist wie ein Wechselstrom hoher Frequenz: Es werden magnetische Felder und Wirbelströme induziert. Sie hemmen den Stromfluss im Innern des Leiters und begünstigen den Fluss an der Oberfläche. Daher fließt der Strom vornehmlich außen ab – auch wenn ein Mensch vom Blitz getroffen wird. Dann fließt er vor allem über nasse Kleider oder die Haut, nicht aber durch den Körper hindurch. Die meisten Blitzopfer überleben daher trotz äußerer Verbrennungen. Linda Cooper hat insgesamt vier Blitzschläge überlebt.

Warum ist Licht schneller als der Schall?

Zuerst sehen wir den Blitz. Er erreicht uns in Bruchteilen einer Sekunde. Die gleichzeitig entstehenden Druckschwankungen der Luft breiten sich als Donner weniger rasch aus. Grollend hecheln die Schallwellen den viel schnelleren Lichtwellen hinterher. Bei drei Sekunden Unterschied ist das Gewitter ungefähr einen Kilometer weit entfernt, anders gesagt: In der Luft legen Schallwellen pro Sekunde ungefähr 330 Meter zurück.

Luftmoleküle werden durch einen Blitz oder eine schwingende Stimmgabel aus ihrer Ruhelage gebracht. Sie beginnen dann ihrerseits, um eine Gleichgewichtslage zu schwingen, ähnlich wie sich Wassermoleküle auf der Oberfläche eines Sees auf und ab bewegen, wenn man einen Stein hineinwirft. In beiden Fällen wandert die Störung von der Quelle aus wellenförmig weiter.

Noch schneller als in Luft kommen Schallwellen in Beton oder Eisen voran. Im Gegensatz zu Luftmolekülen sind die Materieteilchen in Festkörpern stark aneinander gebunden. Sie kehren nach einer Störung schneller wieder in ihre Ausgangslage zurück, die Schallwelle bewegt sich rasch fort. Betonwände tragen den Baulärm daher unter Umständen auch in entlegene Teile des Hauses.

Schall braucht stets ein Medium, um sich fortzupflanzen. Eine Stimmgabel kann zwar auch in einer Vakuumkammer angeschlagen werden. Aber sie bleibt unhörbar, wenn keine Materie vorhanden ist, die die Schwingungen weiterleitet.

Bei Licht ist das anders. Lichtwellen, wie sie von einer Quelle wie der Sonne ausgesandt werden, können sich durch den leeren Raum bewegen. »Die Anwesenheit von Materie beeinflusst zwar die Lichtausbreitung, ist aber keine Voraussetzung dafür, dass sich eine Lichtwelle bildet«, sagt der Physiker Heinrich Kuttruff, Emeritus am Institut für Technische Akustik der Rheinisch-Westfälischen Technischen Hochschule Aachen.

»Die Geschwindigkeit des Schalls ist deshalb so viel kleiner als die des Lichts, weil beim Schall Materieteilchen bewegt werden müssen.« Und diese Teilchen setzen jeder Änderung ihres Bewegungszustandes ihre Trägheit entgegen. Sind sie dann in Schwung gekommen, ist das Medium – ob Luft oder Beton – aufgrund seiner Elastizität bestrebt, möglichst bald wieder zu einem Gleichgewichtszustand zurückzukehren, in dem der Druck überall gleich ist. Der Schall verhallt. Als wäre nichts gewesen.

Warum hagelt es?

Wenn es hagelt, sind Hopfen und Malz bisweilen verloren. Die Stadt München traf es im Juli 1984 besonders hart. Golfballgroße Hagelbrocken zerschlugen Dachziegel, deckten Häuser ab, zertrümmerten Fenster und Windschutzscheiben. Der Sachschaden belief sich damals auf etwa drei Milliarden DM. Warum fallen ausgerechnet in der warmen Jahreszeit dicke Eisklumpen vom Himmel?

Wer eine Antwort auf diese Frage sucht, stellt schnell fest, dass die Temperatur in den Niederungen des menschlichen Daseins nur ein einzelner Tatbestand in einem umfassenden Wettergeschehen ist. Für uns zählt, was unten am Erdboden ankommt. Genauso denkwürdig jedoch ist, was da oben vor sich geht.

Wolken reagieren auf ihre eigene Weise auf Kälte oder Wärme am Erdboden. Heizt sich zum Beispiel der Boden im Frühling oder Sommer kräftig auf, steigt warme, feuchte Luft empor. Es kommt zu abendlichen Gewitterwolken, die bis in zwölf Kilometer Höhe hinaufreichen.

In solchen Gewittertürmen kondensiert die Feuchtigkeit zu kleinen Wassertröpfchen. Diese Tröpfchen werden bei Aufwindgeschwindigkeiten von bis zu 100 Stundenkilometern mitgerissen. »Sie gelangen in kältere Bereiche, gefrieren aber selbst bei Temperaturen unter Null nicht sofort«, sagt Ulrich Blahak vom Institut für Meteorologie und Klimaforschung der Universität Karlsruhe. Stattdessen lagern sich die unterkühlten Wassertröpfchen an bereits vorhandene Eisteilchen an. Erst an ihnen frieren sie fest, ähnlich wie bei der Entstehung von Blitzeis auf dem Erdboden.

»Damit Hagelkörner entstehen, braucht man viel unterkühltes Wolkenwasser und sehr starke Aufwinde.« Beides gibt es in der warmen Jahreszeit, wenn die Sonnenstrahlung für viel Verdunstung und kräftige Winde sorgt. Im Gewittersturm werden die nach unten fallenden Eispartikel immer wieder aufs Neue in höhere Wolkenstockwerke getragen. Sie sammeln weitere Wassertröpfchen auf und wachsen Schicht für Schicht zu großen Hagelkörnern heran. An aufgeschnittenen Hagelkörnern erkennt man die verschiedenen Lagen aus klarem und undurchsichtigem Eis gelegentlich noch. Wie die Jahresringe der Bäume erzählen sie die Geschichte eines langsamen Wachstumsprozesses.

Die sommerlichen Eisklumpen unterscheiden sich stark vom leisen Schnee im Winter. Schneekristalle wachsen anders als Hagelkörner. Hier gibt es kein ständiges Auf und Ab zwischen den verschiedenen Wolkenetagen. Die Feuchtigkeit lagert sich auch nicht in Form von Tropfen an, sondern in ganz kleinen Mengen: Der noch nicht kondensierte Wasserdampf aus der Luft gefriert sofort an vorhandenen Keimen und Eisteilchen, ähnlich wie bei den Eisblumen, die auf einer Fensterscheibe wachsen. So bilden sich faszinierende Schneekristalle. Hagelkörner dagegen können ziemlich grobe Klötze sein.

Warum bringen Tiefdruckgebiete Regen?

Regenzeit. Es schüttet Tag für Tag. Über Wochen und Monate. Man mag sich das gar nicht vorstellen, aber in Äquatornähe, in den Tropen, passiert vielerorts genau das.

Wo die Sonne mittags senkrecht am Himmel steht, heizt sie die Luft extrem auf. Die erwärmte Bodenluft steigt auf, als wollte sie einen Heißluftballon in die Höhe hieven. Denn warme Luft ist leichter als kalte, der Luftdruck entsprechend gering, weshalb man diese äquatoriale Zone als Tiefdruckrinne bezeichnet.

Der wenige hundert Kilometer breite Streifen wandert im Lauf des Jahres zwischen südlichem und nördlichem Wendekreis hin und her. Wie alle Tiefdruckgebiete bringt er Regen, denn die aufsteigende Luft kühlt ab, sobald sie in höhere Schichten der Atmosphäre gelangt. Da kalte Luft die Feuchtigkeit nicht so gut speichern kann wie warme, kondensiert der darin enthaltene Wasserdampf zu Regentropfen. Aus der Tiefdruckrinne wird der tropische Regengürtel.

Ganz anders die Subtropen. Sie müssen die Luftmassen nachliefern, die in Äquatornähe emporsteigen. So entstehen die Passatwinde und Zonen mit hohem Luftdruck. »Im subtropischen Hochdruckgürtel ist es extrem trocken«, sagt Gudrun Rosenhagen vom Deutschen Wetterdienst in Hamburg. Deshalb liegen da die großen Wüstengebiete der Erde.

Allerdings sei ein direkter Ausgleich des Luftdrucks zwischen Tropen und Subtropen nicht möglich. Auf der Nordhalbkugel zum Beispiel wehen die Passatwinde zuverlässig aus Nordosten. »Denn durch die Kugelgestalt und die Drehung der Erde werden die Winde abgelenkt.«

Der Wechsel aus Tief- und Hochdruckgebieten bestimmt das globale Wettergeschehen. Das nördliche Polargebiet etwa ist eine typische Hochdruckregion. Dort sinkt kalte Luft ab und fließt nach Süden. Dabei erwärmt sie sich wieder und steigt schließlich auf. Das wiederum ist die Ursache für die Tiefdruckgebiete südlich der Polarregion, darunter auch das Islandtief über Nordeuropa.

Wir leben in den mittleren Breiten. Daher sind die Wetterverhältnisse bei uns ziemlich instabil. Wenn sich im Sommer ein Keil des Azorenhochs bis nach Mitteleuropa ausdehnt, haben wir oft schönes Wetter, wobei sich durch Aufwindbewegungen an sehr heißen Tagen trotzdem Gewitterfronten auftürmen können. Wenn uns dagegen zu anderen Jahreszeiten die Ausläufer der atlantischen Tiefdruckgebiete erreichen, gießt es manchmal tagelang. Herbstwetter. Aprilwetter. Schmuddelwetter.

Warum ist der Regenbogen rund?

Wenn irgendetwas in der Natur kreis- oder kugelrund ist, sind abgezirkelte physikalische Kräfte im Spiel. So hält die Oberflächenspannung eine Seifenblase in Form, die in alle Richtungen des Raumes wirkende Schwerkraft rundet die Sonne ab. Was aber krümmt den Regenbogen?

Dieser entsteht nur, wenn es regnet und gleichzeitig die Sonne scheint. Stellen Sie sich vor, Sie schauen auf eine Regenwand, die Sonne im Rücken. Das Sonnlicht trifft dort auf unzählige Regentropfen – und schon kommt die Physik ins Spiel:

Wassermoleküle werden durch starke Bindungskräfte zusammengehalten. Daher sind kleine Regentropfen ziemlich rund, nur große Tropfen werden während des Falls durch den Luftwiderstand unten eingedellt. Ohne runde Tropfen wird's nichts mit dem Regenbogen. Aber es ist erstaunlich, dass sich die Symmetrie der kleinen Wasserkugeln in einem Gebilde spiegelt, das den ganzen Himmel überspannt. Zumal die Sonnenstrahlen in den transparenten Tropfen je nach Auftreffpunkt ganz unterschiedliche Wege nehmen.

Das Sonnenlicht wird beim Übergang von einem Medium in an anderes, also zum Beispiel von Luft in Wasser, vom Kurs abgebracht. Trifft es auf ein Tropfen, wird das Licht nach innen gebrochen. Der Lichtstrahl durchquert den Tropfen, wird an dessen Rückwand wie an einem Hohlspiegel reflektiert und beim Austritt in die Luft erneut gebrochen.

»Die Lichtstrahlen treffen die Regentropfen an unterschiedlichen Randzonen«, so Tobias Haist vom Institut für Technische Optik der Universität Stuttgart. »Deshalb werden sie unter verschiedenen Winkeln zurückgeworfen.« Vor dem Auge des Beobachters öffnet sich ein Lichtkegel.

Diesen kegelförmigen, aufgehellten Bereich des Himmels umgrenzt ein rundes, strahlendes Band: der Regenbogen. Denn bei dem Zusammenspiel aus Brechung, Reflexion und nochmaliger Brechung kann der Rückstrahlwinkel einen maximalen Wert von 42 Grad nicht übersteigen. »Die meisten Sonnenstrahlen werden gerade unter diesem Grenzwinkel zum Betrachter zurückgeworfen.« Daher ist die Lichtintensität bei 42 Grad, dem Regenbogenwinkel, am höchsten.

Warum aber ergeben die Strahlen, die ins Auge des Betrachters fallen, einen kreisrunden Bogen? Das ist nicht leicht zu verstehen. Veranschaulichen lässt sich die Form des Regenbogens aber mit einem Zollstock:

Der lange Zollstock repräsentiert das Licht, das auf weitem Weg von der Sonne her kommt. Dann treffen die Strahlen auf eine Regenfront aus feinen Tröpfchen, und die meisten von ihnen werden unter einem Winkel von 42 Grad zum Betrachter geworfen. Also knickt man das letzte Glied des Zollstocks unter 42 Grad ab und hält die Knickstelle vor eine Wand oder Tafel. Das vordere Ende des Zollstocks zeigt nun den festen Standort des Beobachters an. Festgelegt ist außerdem die Richtung, aus der die Lichtstrahlen von der Sonne her einfallen. All diese Strahlen laufen parallel. Um die verschiedenen Lichtstrahlen darzustellen, muss man den Zollstock bewegen. Aber da der Endpunkt im Auge des Betrachters festliegt, zeichnet die Knickstelle dabei unweigerlich einen Kreis auf die Wand: den Regenbogen.

Sein leuchtendes Band ist nicht nur rund, sondern außerdem farbig. Wie kleine Prismen zerlegen die Wassertröpfchen das weiße Sonnenlicht in verschiedene Spektralfarben. Die Grenzwinkel für Blau und Rot sind daher unterschiedlich. Sie liegen nicht bei exakt 42 Grad, sondern etwa zwei Grad auseinander. Blaues Licht wird nämlich etwas stärker gebrochen als rotes, anschließend aber unter einem kleineren Winkel reflektiert und erneut gebrochen. Im Ergebnis wird der Regenbogen außen rot und innen blau.

Entscheidend dafür, dass das Licht in keinem größeren Winkel als 42 Grad zurückgestrahlt wird, ist das spezielle Brechungsvermögen des Wassers. Der Rest ist Formsache. Und ein bisschen Geometrie.

Warum ist Luft durchsichtig?

Sternegucken ist ein schöner Zeitvertreib für Astronauten. Sie sehen den Himmel anders als wir. Dort draußen funkeln die Sterne nicht. Da die Lichtstrahlen nicht erst die Erdatmosphäre durchqueren müssen, werden sie auch nicht an Luftschichten unterschiedlicher Temperatur gebeugt. Vor den Augen der Raumfahrer tanzen die Sternenpünktchen nicht, sondern stehen ganz ruhig da. »Ihr stummes Dasein«, so der Astronaut Ulrich Walter, »drückt einfach nur die unendliche Stille des Universums aus.«

Tagsüber überstrahlt die Sonne sämtliche Sterne. Ihr Licht durchdringt die ganze Atmosphäre, ehe es zur Erdoberfläche gelangt. Die Lufthülle bleibt dabei nicht ohne Einfluss auf den Weg der Strahlen.

Wie Joachim Curtius vom Institut für Atmosphäre und Umwelt der Goethe-Universität in Frankfurt am Main erläutert, tummeln sich in einem Raum von der Größe eines Zuckerwürfels Trillionen Luftmoleküle. Die Moleküle selbst sind winzig. Jedenfalls sind sie einige hundert Mal kleiner als die Strecke, die ein Luftmolekül zurücklegen muss, ehe es auf einen Nachbarn trifft. »Der Raum ist also vergleichsweise leer«, sagt der Physiker und Meteorologe.

Der Weg durch die Atmosphäre ist für einen Lichtstrahl

eine ziemlich freie Passage. Aber er ist lang genug, dass er letztlich doch auf ein Molekül trifft. »Das Licht wird an den Luftmolekülen gestreut, blaues Licht stärker als rotes.« Dieses Streulicht färbt den Himmel blau. Gäbe es keine solche Streuung, dann wäre der Himmel rund um die helle Sonnenscheibe auch tagsüber schwarz und nicht blau.

Während das sichtbare Licht am Erdboden ankommt, erreicht uns das energiereiche UV-Licht der Sonne glücklicherweise nicht in voller Intensität. Es wird in der uns schützenden Ozonschicht aufgefangen. Die Atmosphäre lässt auch die niederenergetische Infrarot- oder Wärmestrahlung zum großen Teil nicht ungehindert passieren. Sie wird vor allem von dem in der Atmosphäre enthaltenen Wasserdampf absorbiert. Um das Infrarotlicht ferner Galaxien und junger Sterne zu registrieren, müssen Teleskope deshalb ins All gebracht werden.

Zwischen UV- und Infrarotstrahlung hat die Erdatmosphäre jedoch ein Fenster. Sie ist genau in dem Bereich des Lichtspektrums durchlässig, für den unsere Augen empfindlich sind. Die Luft ist deshalb transparent, weil ihre Hauptkomponenten, Stickstoff- und Sauerstoffmoleküle, das für unsere Augen sichtbare Sonnenlicht nicht absorbieren.

Abgesehen von Lichtstrahlen können wir auch Radiowellen aus dem All empfangen. Seit vielen Jahrzehnten horchen Astronomen mit riesigen Antennen weit ins Universum hinein, um eines der größten Rätsel des Kosmos zu klären: Sind wir allein? Oder ist da noch wer?

Warum bilden sich Ozonlöcher nur über den Polargebieten?

»Die Nasensalbe ist weiß.« Das war der einzige Satz, den Tracy auf Deutsch sagen konnte. Als ich die rothaarige Australierin in Sevilla kennenlernte, wurde mir klar, wie wichtig Sonnencreme in Ländern ist, über denen die Ozonschicht dünner ist als in unseren Breiten. In Australien verleidet das Risiko, an Hautkrebs zu erkranken, hellhäutigen Typen wie Tracy das Sonnenbaden. Auch im Alltag schützt sie sich, so gut sie kann.

Der Abbau der Ozonschicht ist eine ernste Gefahr. Die meisten Ozon zerstörenden Stoffe kommen aus einem Gebiet, das sich von den USA über Europa und Russland bis nach Japan erstreckt und die Erde wie ein Ring umklammert. Trotzdem entsteht das Ozonloch weitab von diesem Gürtel. Zuerst wurde es über dem Südpol beobachtet, seit den neunziger Jahren in geringerem Umfang auch über dem Nordpol. Warum ausgerechnet dort?

Die Kälte begünstigt den Ozonabbau durch Chlor und andere Stoffe maßgeblich. Das Chlor stammt zum Beispiel aus Fluorchlorkohlenwasserstoffen, die lange für Kühlschränke, Klimaanlagen oder Feuerlöscher verwendet wurden. Diese FCKW sind reaktionsträge und langlebig. Einmal in der Luft, verteilen sie sich binnen weniger Jahre über den gesamten Globus und steigen von der unteren Atmosphäre in die höher gelegene Stratosphäre auf.

Die Stratosphäre ist sehr trocken. Deshalb gibt es ab zirka 20 Kilometer Höhe auch keine klassischen Wolken aus Wassertröpfchen mehr, die in der unteren Atmosphäre kondensieren und uns den Regen bringen.

Über den Polen jedoch fällt die Temperatur der Stratosphäre im Winter auf weniger als minus 80 Grad. Dort entstehen Eiswolken aus Salpetersäure oder Schwefelsäure. Ohne solche Wolkenschleier bliebe das in die Stratosphäre vorgedrungene Chlor in stabilen Verbindungen gefangen. Erst auf der Oberfläche der winzigen Eispartikel laufen chemische Reaktionen ab, die Chlor und ihm verwandte Substanzen freisetzen.

»Im antarktischen Winter frieren die Stoffe aus«, sagt Heinz Friedrich Schöler vom Institut für Umwelt-Geochemie der Universität Heidelberg. »Sie werden gespeichert und zu Beginn des Frühjahrs schlagartig mobilisiert.« Erst wenn nach der langen Polarnacht die Sonne wieder auftaucht, wird das Chlor plötzlich aktiv. In einer Reaktionskette zerstört es die Ozonschicht, ohne dabei selbst verbraucht zu werden. Ein einzelnes Chloratom kann 100 000 Ozonmoleküle zerlegen, ehe es wieder in anderen Molekülen gebunden und neutralisiert wird.

Die Ozonschicht schützt uns vor der ultravioletten Strahlung der Sonne. Ohne diese langfristige Abschirmung gäbe es keine Landlebewesen auf der Erde. Deshalb wurden die FCKW 1987 weitgehend verboten.

Der alljährliche Ozonverlust dauert einstweilen an. Er ist über der Antarktis am stärksten, über der Arktis ist das Ozonloch kleiner. Dort sind die Wetterverhältnisse wegen der umliegenden Kontinente unbeständiger.

WISSEN IM HAUSHALT

Warum sind Eier eiförmig?

Menschliche Eizellen sind winzig. Man kann sie gerade noch mit bloßem Auge erkennen. Dagegen werden die Eizellen eines Huhns riesig, weil dem Embryo ein reiches Carepaket mit auf den Weg gegeben werden muss. Vögel tragen ihre Jungen nämlich nicht aus. Wer fliegt, kann es sich nicht leisten, derartige Lasten mit sich herumzuschleppen.

So wächst die Eizelle durch Einlagerung von Nährstoffen zu einer üppigen goldgelben Dotterkugel heran. Im Eileiter wird sie in schützendes Eiweiß und später in eine Kalkschale gehüllt. Währenddessen schieben ringförmige Muskeln das werdende Ei vorwärts, es erhält seine typische Form: vorne, wo die Muskeln entspannt sind, runder, hinten ein wenig in die Länge gedrückt.

Die meisten Vogeleier sind derart geformt – ob es sich um das Ei einer afrikanischen Straußenhenne handelt, das gut anderthalb Kilogramm schwer ist, oder um das eines Kolibris wie der Bienenelfe, das nur ein Viertel Gramm wiegt und kaum mehr als einen halben Zentimeter lang ist. In punkto Stabilität wäre die Kugelform noch günstiger. Kugelrunde Eier würden allerdings leicht wegrollen.

Dennoch legen Vögel wie Eulen ziemlich runde Eier. Wie Tischtennisbälle. »Eulen verschlingen ihre Beute mit Haut und Haar«, sagt Einhard Bezzel, ehemaliger Leiter der Staatlichen Vogelschutzwarte in Garmisch-Partenkirchen. Sie speien aus, was unverdaulich ist, und polstern mit dem Gewölle ihr oft in Höhlen angelegtes Nest. »Dort sind ihre Eier gut davor geschützt wegzurollen.«

Anders sei das bei Felsbrütern wie den Trottellummen. Sie brüten in Deutschland nur auf der Insel Helgoland. Im Mai legen die Weibchen ein einziges Ei, und das an heikler Stelle: auf den Klippen. Was, wenn es ins Rollen kommt?

Größe, Form und Färbung der Eier sind nicht nur an die Organe des Vogelkörpers, sondern auch an den Lebensraum der Tiere angepasst. »Bei den Lummen gibt es offenbar einen Selektionsdruck in Richtung Kreiselform«, so Bezzel. Das Trottellummenei ist birnenförmig. Stößt man es an, bewegt es sich auf einer engen Kreisbahn. Während der Embryo heranreift, verschiebt sich der Schwerpunkt des Eis. Die Folge: Die Kreisbahn wird kleiner. Das Ei, in das die Eltern viel Zeit und Energie investiert haben, wird so noch besser vor einem Absturz geschützt.

Warum wird Eischnee fest?
Rohe Eier aufzuschlagen und das Eiklar vom Eigelb zu trennen, ist eine glibberige Angelegenheit. Mangelndes Feingefühl führt rasch dazu, dass Eigelb und Schalenteile da enden, wo sie nicht hin sollen: in der transparenten Flüssigkeit, die zu einem weißen Eischnee werden soll, damit Zitronenmousse oder Forellenquiche schaumig und locker werden.

Eiklar steif zu schlagen, heißt erst einmal, Luft in die zähe Flüssigkeit einzubringen: möglichst viele fein verteilte Blasen, die dem Schaum Volumen geben und ihn stabilisieren. Doch warum bleibt die Luft im Eischnee? Warum entweicht sie nicht sofort wieder?

Die klebrigen Eiweißmoleküle halten sie gefangen. Es sind Riesenmoleküle. »Sie bestehen aus langen Ketten von Aminosäuren«, sagt Udo Flegel vom Institut für Chemie und Didaktik der Universität Köln. »Diese Ketten verknäulen sich miteinander.« An manchen Stellen kleben sie fest zusammen, an anderen eher lose.

Für die festen Kontakte sorgen Schwefelbrücken. Solche Verknüpfungen halten nicht bloß die Moleküle im Eiklar zusammen, sondern auch unsere Haare bei einer Dauerwelle in Form. Haare lassen sich auch kurzzeitig durch Waschen und Föhnen formen. Bei der Haarwäsche öffnen sich allerdings nur die lockeren Bindungen zwischen Eiweißmolekülen: die Wasserstoffbrücken. So entsteht die Möglichkeit zu neuen Verknüpfungen, die mittels der Hitze eines Lockenstabs oder Föns fixiert werden.

Beim Schlagen von Eiklar geschieht etwas Ähnliches: Die Moleküle werden entrollt, ihre Bindungen aufgelöst – eine Chance für neue Zusammenschlüsse. Waren zuvor viele Eiweißmoleküle durch Wassermoleküle getrennt – Wasser macht etwa 90 Prozent des Eiklars aus –, finden sie nun zueinander und zu einem stabileren Netzwerk. Sie bilden dünne und – im Unterschied zu Seifenblasen – feste Eiweißhäute und umschließen so die eingeschlagene Luft.

Zwischen den Blasen kann viel Wasser festgehalten werden; je kleiner die Blasen, desto besser. Das Wasser folgt jedoch dem Gesetz der Schwerkraft und fließt mit der Zeit nach unten. Deshalb hält steif geschlagener Eischnee nicht allzu lange. Er fällt allmählich in sich zusammen. Und man kann ihn kein zweites Mal aufschlagen. »Das Eiweiß hat nach dem ersten Schlagen seine stabilere Form bereits gefunden«, so Flegel. Der Prozess lasse sich daher nicht wiederholen.

Warum explodieren Eier in der Mikrowelle?

Es gehört zu den grundlegenden Problemen des Kochens, die Wärme zur richtigen Zeit an die richtige Stelle zu bringen. Ein Windbeutel zum Beispiel gelingt im Backofen. Er geht nur auf, wenn das im Teig enthaltene Wasser verdampft, also über 100 Grad Celsius heiß wird. Dann schaffen sich die Wasserdampfmoleküle Platz und treiben den Teig auseinander. Anschließend kann man die Temperatur höher stellen, damit der Windbeutel eine Kruste bekommt.

Wie man die Hitze am besten zuführt, ist von Gericht zu Gericht verschieden. Niemand käme auf die Idee, den Windbeutelteig ins kochende Wasser zu legen, um ihn wie einen Kloß aufgehen zu lassen. Andersherum gehört das rohe Ei nicht in den Ofen, sondern ins Wasserbad.

Darin erwärmt sich das Frühstücksei von außen nach innen. Zuerst gerinnt bei einer Temperatur von mehr als 84,5 Grad das Eiweiß. Dieser chemische Prozess verbraucht Energie, sodass die Wärme in dieser Phase nicht so gut ans Eigelb weitergegeben wird. Der Dotter bleibt weich. Erst wenn das Eiweiß fest ist und die Temperatur im Innern 65 Grad übersteigt, stockt auch der Dotter.

Eine Überraschung können Sie erleben, wenn Sie auf die Idee kommen, rohe Eier mit in die Sauna zu nehmen. In einer Sauna gibt es unterschiedliche Temperaturzonen: Unten ist es kälter, oben heißer. Auf einer Zwischenstufe kann es gerade so warm werden, dass der Dotter ganz langsam stockt, während das Eiweiß flüssig bleibt, weil das Ovalbumin erst bei 84,5 Grad fest wird. Und schon haben Sie ein Überraschungs-Ei: innen fest und außen weich!

Doch nun zur Mikrowelle. Hier widerfährt dem Ei etwas völlig anderes. Denn in einer Mikrowelle dringt die Wärme nicht langsam von außen nach innen ins Ei vor. »Es wird von innen erwärmt«, sagt Hans-Jürgen Hartfuß vom Max-Planck-Institut für Plasmaphysik in Greifswald. »Das Ei absorbiert die Mikrowellenstrahlung, die Temperatur steigt. Damit wird der Druck im Innern immer höher, bis es platzt.«

Wie kommt es zu dieser Explosion?

Das Ei enthält, wie die meisten Nahrungsmittel, Wasser. Wassermoleküle sind kleine Dipole mit einer negativ geladenen Sauerstoff- und einer positiv geladene Wasserstoffseite. Diese Dipole orientieren sich in einem elektrischen Strahlungsfeld wie Kompassnadeln in einem Magnetfeld, sprich: Sie richten sich entlang den Feldlinien aus.

Da das Mikrowellenfeld aber in jeder Sekunde Milliarden Mal die Richtung wechselt, wackeln die Moleküle hin und her. Sie zappeln sich heiß. In Stößen mit Nachbarmolekülen geben sie ihre Bewegungsenergie weiter. »Dabei können lokal sehr hohe Temperaturen entstehen«, so der Physiker.

Zunächst bleiben die entstehenden Wasserdampfmoleküle in der Kalkschale des Eis eingesperrt. Wie in einem Dampfkessel wird jedoch der Druck im Innern bei steigender Temperatur immer größer. So lange, bis das Ei explodiert. Wie Popcorn.

Na ja, beinahe so. Beim Popcorn erstarrt die verkleisterte Stärke nämlich sofort zu einem leckeren weißen Schaum. Das Ei in der Mikrowelle platzt, bevor das Eiweiß fest geworden ist. Eine ziemliche Schweinerei!

Warum machen schmutzige Lappen sauber?

»Wir haben schmutziges Spülwasser und schmutzige Küchentücher, und doch gelingt es, damit die Teller und Gläser schließlich zu säubern. Genauso haben wir in der Sprache unklare Begriffe und eine in ihrem Anwendungsbereich in unbekannter Weise eingeschränkte Logik«, so der dänische Quantenphysiker Niels Bohr. »Und doch gelingt es, damit Klarheit in unser Verständnis der Natur zu bringen.«

Niels Bohr löste knifflige Fragen zum Aufbau der Atome. Mit Albert Einstein stritt er leidenschaftlich darüber, ob es eine vom Beobachter unabhängige Wirklichkeit gibt. Das Rätsel schmutziger Küchentücher haben beide Forscher der Nachwelt hinterlassen. Diese hat es sich jedoch nicht durch die Lappen gehen lassen.

Im technischen Zentrum der Freudenberg Haushaltsprodukte KG in Weinheim werden der »Vileda«-Wischmopp und Putztücher aus Baumwolle, Viskose oder Mikrofasern entwickelt und getestet. Sie zeichnen sich durch eine hohe spezifische Aufnahmekapazität für verschiedene Arten von Schmutz aus, wie der Chemiker Joaquin Barrera erläutert. So haften Sand oder Staub nur schwach an Oberflächen und lassen sich entsprechend leicht wegwischen. »Am besten mit einem flauschigen Tuch.« Es hält viele Partikel fest.

Auch wasserlöslicher Schmutz macht beim Putzen kaum

Probleme. Trotzdem hilft unter Umständen Seifenlauge auf dem feuchten Tuch.»Das Wasser benetzt die Oberfläche dann besser.«

Wassermoleküle sind den Anziehungskräften ihrer Nachbarmoleküle ausgesetzt. Deshalb werden Moleküle an einer Wasseroberfläche nach innen gezogen, kleine Flüssigkeitsmengen ziehen sich zu Tropfen zusammen. Ein Spülmittel setzt diese Oberflächenspannung des Wassers herab, es wird »flüssiger«, dringt leichter in Rillen und Ritzen vor und wäscht den Schmutz heraus.

Putzmittel kommen vor allem gegen fettigen, wasserunlöslichen Schmutz zum Einsatz. Beim Geschirrspülen sind Seifenmoleküle ideale Mittler: Die länglichen Seifenmoleküle haben einen Schwanz, der sich an fettigen Schmutz anlagert, während ihr wasserliebender Kopf die so umhüllten Schmutzpartikel ins Waschwasser zieht.

»Das Tuch ist dabei nur ein Hilfsmittel, um die Chemie auf die Oberfläche zu bringen«, so Barrera. Das geht selbst dann noch, wenn das Spültuch bereits schmutzig ist. Besonders bei hoher Temperatur entwickelt auch noch der schmutzigste Lappen ungeahnte Reinigungskräfte. »Sie beschleunigt den Lösungsprozess.«

Der Putzteufel steckt im Detail. Ob man Spülmittel benötigt oder ob Wasser und mechanisches Scheuern ausreichen, hängt von der Art des Schmutzes und der Oberfläche ab. Außerdem liegt Sauberkeit, genauso wie Schönheit, im Auge des Betrachters.

Warum reißt Papier vorzugsweise in eine Richtung?

Das papierlose Büro? Nicht bei mir! Aktenordner und Bücher füllen die Regale, an den Wänden klebt Tapete, jeden Morgen breite ich eine frische Zeitung über papiernen Schreibtischstapeln aus. Bei einer Tasse Kaffee – der immerhin wird ohne Filterpapier gebrüht – lese ich dann, was andere zu Papier gebracht haben. Manches davon hebe ich auf.

Wenn auch Sie ab und an Zeitungsartikel ausreißen, werden Sie bemerkt haben, dass sich nicht alle Beiträge gut ausreißen lassen. Während ein Riss in Längsrichtung schnurgerade verläuft, mäandert er in Querrichtung schwer kontrollierbar. Was ist das für ein verqueres Substrat, auf dem die Nachrichtenvielfalt gedeiht?

Die Presse ist ein Kind des bürgerlichen Zeitalters. Große Blätter wie die Neue Zürcher Zeitung oder die New York Times wurden zwischen 1780 und 1870 gegründet. Zur selben Zeit wurde Papier zur Massenware. Statt aus Textilien, den Haderlumpen, stellt man es seit Mitte des 19. Jahrhunderts aus einem anderen Rohstoff her: aus Holz. Und anders als Lumpen muss Holz chemisch gespalten werden, um daraus jene Zellulosefasern zu gewinnen, die auf einem Papiersieb miteinander verfilzen können.

Bei handgeschöpftem Papier liegen die Fasern ungeordnet. Papier wird jedoch heute am laufenden Band hergestellt, der Papierbrei auf ein sich bewegendes Sieb gegossen. »Die Suspension besteht zu 99 bis 99,5 Prozent aus Wasser«, sagt Stephan Kleemann, Leiter des Instituts für Verfahrenstechnik Papier an der Fachhochschule München. »Aus dieser Flüssigkeit entsteht das Papier in wenigen Sekunden.«

Eine moderne Papiermaschine entwässert den Brei, während das Sieb mit mehr als 30 Metern pro Sekunde läuft, d. h. mit über 100 km/h. Dabei richten sich die Zellulosefasern vorzugsweise in die Bewegungsrichtung aus. Sie sind winzig, aber das Verhältnis von Länge zu Dicke lässt sich mit dem einer langen, dünnen Fichte vergleichen. Treibt ein solcher Baumstamm auf einem Fluss, richtet er sich parallel zur Strömung aus. Wegen dieser Ausrichtung der Fasern reißt Papier in Maschinenlaufrichtung leichter. Eine Folge des hohen Tempos.

In Papiermaschinen stecke heutzutage fünf Mal so viel Regelungstechnik wie in einem Jumbo-Jet, so Kleemann. »An einem einzigen Tag produziert eine solche Maschine eine bis zu zehn Meter breite Papierbahn, so lang wie von Madrid bis Moskau.« In nur zwölf Tagen wirft sie somit genügend Papier aus, um den ganzen Globus einzuwickeln.

Warum weinen wir beim Zwiebelschneiden?

Abgebrannte Streichhölzer riechen nach Schwefeldioxid, faule Eier nach Schwefelwasserstoff. Lebewesen setzen Schwefeldämpfe gezielt ein: Das Stinktier jagt damit seine Feinde in die Flucht, selbst Luchse, Pumas oder Bären machen in Erinnerung an vorherige Begegnungen einen weiten Bogen um die Skunks. Aber auch Pflanzen wie Raps und Senf, Porree oder Zwiebel schützen sich mit schwefelhaltigen Abwehrstoffen davor, gefressen zu werden. So schreckt eine Maus vor dem Biss in die Zwiebel zurück.

Der Mensch nicht. Er rückt der Zwiebel mit dem Küchenmesser zu Leibe, häutet und hackt sie in Stücke, obschon sie mit altbekannten Mitteln auf solche Angriffe reagiert. Beim Zwiebelschneiden bleibt kein Auge trocken.

Das Tränengas, das die Zwiebel ausdünstet, entsteht nicht vor dem ersten Schnitt. In der Zwiebel liegt schwefelhaltiges Isoalliin zunächst als inaktive Verbindung vor. Erst wenn wir die Zwiebel verletzen, setzen wir die entsprechenden biochemischen Reaktionen in Gang.

»Isoalliin ist stabil«, sagt Michael Keusgen vom Institut für Pharmazeutische Chemie der Universität Marburg. Es befindet sich in der Zelle räumlich getrennt von der Alliinase, jenem Enzym, das die Bildung von Tränengas einleitet. »Die beiden Stoffe können erst zusammenkommen, wenn die Zellen verletzt werden.«

Bei der Reaktion mit Alliinase wird ein Teil des Isoalliins abgespalten. Dieses kleine Molekül ist flüchtig und verwandelt sich in einen Reizstoff. Sobald er unser empfindliches Auge erreicht, beginnt dieses mit der Produktion von Tränenflüssigkeit, um die aggressive Substanz auszuschwemmen und wieder loszuwerden. Schützen kann man sich mit einer Taucherbrille oder indem man die Schnittstellen mit Essig beträufelt. Die Säure hemmt die Alliinase.

Beim Zwiebelschneiden gehen nicht alle Schwefelverbindungen verloren. »Der größte Teil verflüchtigt sich nicht, sondern bleibt in den vermatschten Zellen und reagiert mit sich selber«, sagt Keusgen. Dabei entstehen jene Zwiebelaromen, die das Essen würzen und obendrein gesund sind.

Knoblauch enthält ähnliche Schwefelverbindungen wie die Zwiebel. Fein gehackt oder mit einer Presse zerdrückt, wird auch hier das Enzym Alliinase in großen Mengen freigesetzt, das das Aroma verstärkt. Die flüchtigen Abbauprodukte des Knoblauchs reizen aber nicht die Augen, sondern fremde Nasen. Wer Knoblauch isst, lebt gesünder – und kann sich ungeliebte Mitmenschen vom Hals halten.

Warum steckt in jeder Kirsche nur ein Wurm?

»Kirschen gegessen, Wasser getrunken, Bauchweh bekommen.« Ist da was dran? Krümmt sich die Made in der Kirsche deshalb so? Oder kämpft das augenlose Geschöpf um seine nackte Existenz, sobald die ersten Sonnenstrahlen seinen empfindlichen Körper berühren?

Ihr ganzes Leben hat die Made im Schatten der Morelle, vorzugsweise jedoch in einer Süßkirsche verbracht. Nun wäre sie beinahe unters Messer gekommen. Denn ich gehöre zu denjenigen, die Kirschen nicht ohne Wurmkontrolle in den Mund stecken. Nichts gegen eine Portion tierisches Eiweiß. Aber wem sich schon als Kind beim Marmeladeeinkochen aus jeder fünften Kirsche ein kleiner nackter Körper schamlos entgegengereckt hat, der kann nicht mehr unbesehen genießen. Es gibt Bilder, die vergisst man nicht.

Die Made beansprucht die Kirsche für sich allein. Die Claims sind abgesteckt, noch ehe die Made ihr süßes Paradies wirklich kennengelernt hat. Dafür hat die Mutter gesorgt.

Die Kirschfruchtfliege zählt zu den Bohrfliegen. Denn an ihrem Hinterleib hat sie einen Legebohrer, den sie bei Bedarf ausstülpt. Etwa ab Mitte Mai, wenn die Farbe der Kirschen von grün nach gelb umschlägt, wird die Fliege aktiv. Sie sucht die Früchte auf, durchbohrt deren Haut und legt ihre Eier ab: etwa 200 Stück, je eins pro Kirsche.

»Die weibliche Fliege markiert jede Kirsche mit einem Pheromon«, sagt Kirsten Köppler, Biologin am Institut für Pflanzenschutz in Obst- und Weinbau des Julius-Kühn-Instituts in Dossenheim. Dieser chemische Duftstoff ist ein Signal für alle anderen Weibchen. »Die Kirsche gilt nun als belegt.«

Nach acht bis zehn Tagen schlüpft eine Made aus dem Ei. Sie braucht sich das Fruchtfleisch nicht mit anderen hungrigen Mäulern zu teilen, sondern hat nun einige Wochen Zeit, sich durch die verschiedenen Larvenstadien zu fressen. Dann verlässt sie die Kirsche wohlgenährt, lässt sich zu Boden fallen und verbringt den Winter über verpuppt und bewegungslos in der Erde. Erst im nächsten Frühjahr drängt sie als Fliege ans Licht. Und zu den Kirschen.

Der Duftstoff, mit dem die weiblichen Fliegen die Kirschen markieren, sei allerdings nicht sehr beständig, sagt Kirsten Köppler. »So kommt es auch schon mal zu Mehrfachbelegungen einer Kirsche bei erhöhtem Befallsdruck.« Zwei Maden in einer Kirsche? Mir ist das noch nicht begegnet. Doch schon mit einer ist nicht gut Kirschen essen.

Warum kühlt Pusten die heiße Suppe?

Fettauge, sei wachsam! An einer Hühnerbrühe verbrennt man sich leicht die Zunge. Denn auf der Suppe schwimmen Fettaugen.

Fett ist wasserabweisend. Wegen seiner geringen Dichte liegt es obenauf und bildet auf der Bouillon kreisrunde Tröpfchen, die von zwischenmolekularen Kräften zusammengehalten werden und sich gerne mit anderen Tröpfchen zu großen Fettaugen vereinen. Viele solche Augen bedecken die heiße Bouillon wie eine Isolierschicht. Der Fettfilm behindert eine rasche Verdunstung und Abkühlung der Flüssigkeit, denn Fettmoleküle sieden erst bei einer deutlich höheren Temperatur als 100 Grad Celsius.

Wenn man den Suppenlöffel zum Mund führt, ist also Vorsicht geboten. Schon als Kind lernt man, vor dem Essen zu pusten – was mehr ist als ein Spiel auf Zeit: Das Pusten fördert die Verdunstung.

Bei der Verdunstung entweichen die schnellsten und heißesten Moleküle der Brühe als Dampf. Um die Bouillon zu verlassen, müssen sie zuvor die Anziehungskräfte ihrer Nachbarmoleküle überwinden. Auf diese Weise wird Energie verbraucht, die Temperatur der zurückbleibenden Flüssigkeit sinkt. Sie kühlt ab.

Noch schneller erkaltet sie, wenn man den heißen Dampf über der Brühe wegbläst. Dadurch werden die soeben verdunsteten Moleküle zerstreut, die Luftfeuchtigkeit über der Flüssigkeit nimmt ab, neue nach draußen strebende Moleküle erhalten den nötigen Raum.

Wie stark ein Luftstrom den Abkühlungsprozess beschleunigt, kann man im Sommer an der eigenen Haut erleben: Die Schweißabsonderung und -verdunstung entzieht unserem Körper Wärme. Ein Ventilator unterstützt das Schwitzen effektiv. Er kühlt nicht etwa die Raumluft. Stattdessen bläst er die feuchte Luft über unserer Haut weg, sodass sich der Schweiß besser verflüchtigen kann.

»Die Größe des Effekts lässt sich im Übrigen ausdrucksstark demonstrieren«, so Hans Joachim Schlichting, Direktor am Institut für Didaktik der Physik der Universität Münster: Man platziere einen großen Wassertropfen auf einer nicht saugfähigen Unterlage, setze ein Uhrglas darauf und fülle die dünne Glasschale mit Äther. »Dann gefriert das Uhrglas mit dem Wassertropfen zusammen, wenn man einige Male den Ätherdampf wegbläst.« Das Pusten ist zum eisigen Wind geworden.

Warum macht jedes Böhnchen ein Tönchen?

In der Wissenschaft kann man sich um keine Frage herumdrücken. Rerum cognoscere causas – wissen, woher der Wind weht. Ärzte, Biologen und auch Philosophen haben sich der Flatulenz gewidmet. Sie reden ganz ungeniert über Blähungen.

»Semiotisch rechnen wir den Furz in die Gruppe der Signale«, so etwa der Philosoph Peter Sloterdijk, »also der Zeichen, die weder etwas symbolisieren noch abbilden, sondern Hinweise auf einen Umstand geben. Wenn die Lokomotive pfeift, warnt sie vor ihrem Näherkommen und möglichen Gefahren. Der als Signal begriffene Furz zeigt, dass der Unterleib in voller Aktion ist.« Und dies könne in Situationen, wo jeder Hinweis auf solche Bereiche unerwünscht ist, fatale Folgen haben.

Punkt eins – der Umstand:

Bohnen sind Pflanzensamen. Sie können längere Zeit in ausgetrocknetem Zustand überdauern und keimen erst bei Wasserkontakt und günstiger Witterung. Austrocknung und Keimung sind strapaziöse Prozesse. »Spezielle Raffinose-Zucker stabilisieren die Zellen und ihre Membranen während der Austrocknung«, so Andreas Richter vom Department für Chemische Ökologie der Universität Wien. »Bei der Keimung können die Zucker dann sehr schnell als

Energiequellen mobilisiert werden.« Die Crux: Für uns sind die Raffinose-Zucker unverdaulich. Dem Menschen, aber auch Tieren wie Hühnern, fehlen die Enzyme, um diese Zucker abzubauen. Raffinose-Zucker gelangen daher unverdaut in den Dickdarm.

Punkt zwei – die Aktion:

Im Darm machen sich Bakterien über die Süßspeise her. Die rührigen Mikroorganismen erzeugen allerlei Gase, darunter Kohlendioxid. Dass bei der Verdauung derartige Gase entstehen, ist völlig normal. Aber der hohe Ballaststoffanteil der Bohnen sorgt für eine sehr ausgeprägte Gasbildung und Darmmotorik.

Punkt drei – das Signal:

Das Böhnchen ist auf dem Weg zum Tönchen. Zuerst macht sich dies am typischen Grollen und Rumoren im Unterleib bemerkbar. Es ist nun an der Zeit, sich darauf einzustellen, dass überschüssige Gase zum Darmausgang transportiert werden. Denn je nach den sonstigen Ernährungsgewohnheiten und der individuellen Empfindlichkeit des Darms sind die Blähungen und Darmwinde nach erhöhtem Bohnengenuss mehr oder weniger dezent.

Punkt vier – die Folgen:

So unerwünscht die Begleitumstände auch sind – Bohnen sind proteinreich und spielen vor allem in der Dritten Welt eine wichtige Rolle in der Ernährung. Deshalb versuchen Forscher, ihre Raffinose-Zucker durch Züchtung und durch Gentechnik zu reduzieren. Laut Richter ist aber auch das eine windige Angelegenheit, denn: »Die so erzeugten Samen sind für die weitere Aussaat nicht mehr so geeignet.«

Warum wird man nach dem Essen müde?

Der Spanier hält Siesta und auch in Italien hat das Mittagschläfchen Tradition. Oft werden Siesta und Pisolino mit dem warmen südeuropäischen Klima in Verbindung gebracht. Vielleicht sind sie auch Folge des üppigen Essens. Spanier und Italiener frühstücken nämlich kaum und tafeln dafür mittags in mehreren Gängen. Während die Deutschen kaum 13 Prozent ihres Einkommens für Nahrungsmittel ausgeben, lassen sich die Südländer das Essen im Schnitt 20 Prozent ihrer Einkünfte kosten. Und leisten sich obendrein ein Nickerchen.

Ein kurzer Schlaf zur Mittagszeit sei physiologisch sinnvoll, so Ingo Fietze, Leiter des Interdisziplinären Schlafmedizinischen Zentrums der Berliner Charité. Nach der Auszeit sei man leistungsfähiger. Denn das Essen und die anschließende Verdauung sind energieaufwendig. Die Nahrung muss zerkleinert, transportiert und chemisch umgewandelt werden, was bereits im Mund mit dem Kauen und der Aufspaltung von Kohlenhydraten durch im Speichel vorhandene Enzyme beginnt.

»Generell kommt es beim Essen zu einer Blutumverteilung.« Wenn der Speisebrei in Magen und Darm gelangt, wird mehr Blut dorthin gelenkt, etwa um Nährstoffe aufzunehmen und weiterzuleiten. »Dadurch wird das zentrale Nervensystem etwas weniger durchblutet.« Fettreiche Nahrung verweilt länger im Magen und macht eher müde. Wir können die Mittagsmüdigkeit jedoch auch dann nicht vermeiden, wenn wir bloß Salat oder ein Sandwich zu uns nehmen.

Forschern gibt das Phänomen viele Rätsel auf. Die Nahrungsaufnahme stimuliert den Vagusnerv, der seine Wirkung bis ins Schlaf-Wach-Zentrum hinein entfaltet, Insulin und andere Hormone des Magen-Darm-Trakts wirken auf das zentrale Nervensystem ein. Warum gähnen wir dann aber nicht nach jedem Essen? Warum ist ein spätes Abendessen im Restaurant keine Einschlafhilfe?

Der natürliche Lebensrhythmus und die fein abgestimmten Regelkreisläufe im Körper spielen hier auf bislang wenig erforschte Weise zusammen. »Wer morgens um 6 Uhr aufsteht, der hat sein erstes Tief zwischen 9 und 10 Uhr, dann zwischen 12 und 14 Uhr und wieder zwischen 16 und 18 Uhr«, so Fietze. Isst man in diesen Müdigkeitsphasen, verstärkt das Essen das Ruhebedürfnis offenbar.

Auch große Geister wie Albert Einstein kamen ohne Mittagsschlaf schwer durch den Tag. Einstein genügten ein paar Minuten. Der Physiker nahm einen Schlüsselbund in die Hand und wachte auf, sobald die Schlüssel zu Boden fielen.

Warum trocknet Wäsche auch bei Frost?

Klirrende Kälte. Das Außenthermometer zeigt minus 6 Grad an. Trotzdem erscheint die Nachbarin mit einem Wäschekorb auf dem Balkon, hängt T-Shirts, Handtücher und Socken an die Leine und huscht zurück ins Warme. In ein paar Stunden werden die Socken hart und steif sein wie tiefgefrorene Schweinekoteletts. Wie sollen sie da trocken werden?

Tatsächlich trocknen auch Schweinekoteletts im Eisfach aus. Frisches Fleisch ist ziemlich feucht. Legt man es ungeschützt ins Tiefkühlfach, nimmt die atmosphärische Gefriertrocknung ihren Lauf und man muss mit einem Gefrierbrand rechnen.

Die Luft im Eisfach ist trocken. Kalte Luft aber könne viel weniger Feuchtigkeit speichern als warme, so Klaus Lösche, Lebensmittelingenieur an der Hochschule Bremerhaven. »Im Gefrierfach gibt das wasserreiche Fleisch nun Feuchtigkeit an die Umgebungsluft ab.« Während das Schweinekotelett nach und nach vom Rand her austrocknet, schlägt sich die Feuchtigkeit an den kalten Innenwänden des Gefrierfachs als Eis nieder.

Dieser Prozess setzt sich auch dann noch fort, wenn das Fleisch bereits gefroren ist. Zwar sitzen die Wassermoleküle in einem Eiskristall ziemlich fest, dennoch können sie sich bewegen: Sie rotieren, schwingen an ihren Plätzen hin und her. Und ab und an macht sich eins dieser Wassermoleküle auf und davon.

Üblicherweise schmilzt Eis, bevor es verdampft. Erst wird es flüssig, dann gasförmig. Bei trockener Umgebungsluft verwandelt es sich allerdings auch auf direktem Weg in Wasserdampf: Es sublimiert. Daher trocknet das unverpackte Fleisch im Gefrierfach aus und verliert an Geschmack.

Gefrorene Socken auf der Leine werden auf dieselbe Weise trocken. Wenn die Luftfeuchtigkeit in der Waschküche hoch ist, hängt man die Wäsche daher auch bei Frost besser draußen auf. »Je stärker der Wind, umso schneller trocknet sie dort«, sagt Lösche. Denn dann werde die Feuchtigkeit von der gefrorenen Wäsche rasch als Wasserdampf abtransportiert.

Lösche und sein Forscherteam haben eine Kältetechnik weiterentwickelt, um Gefrierbrand zu verhindern: Mit Hilfe von Ultraschall erzeugen sie einen Kaltnebel, in dem winzigkleine, gefrorene Tröpfchen schweben. Die Luftfeuchtigkeit in dem Nebel ist hoch, weil über jedem Eiskriställchen Wasserdampf austreten kann. In dieser außergewöhnlich feuchten Kaltluft behält ein tiefgefrorenes Schweinekotelett seinen Saft. Und schmeckt nach dem Auftauen besser.

Warum laufen Batterien aus?

Ihr letztes Stündlein hatte geschlagen. Die Uhr auf dem Tischchen neben meinem Bett war über Nacht zum Auslaufmodell geworden. Am Morgen öffnete ich das Uhrengehäuse und fand einen weißen, krümeligen Belag auf den elektrischen Kontakten. Der Schaden schien irreparabel. Was war passiert?

Eine Batterie wandelt chemische in elektrische Energie

um. Sie liefert einen Strom, bei dem Elektronen von Ort zu Ort wandern. Dazu müssen in der Batterie auf einer Seite viele Atome vorhanden sein, die gerne Elektronen abgeben (Minuspol), auf der anderen Seite solche, die Elektronen aufnehmen (Pluspol). Die Pole werden von außen über einen Stromverbraucher, etwa den Wecker, miteinander verbunden. Im Innern der Batterie leitet eine Flüssigkeit, meist eine Säure, elektrische geladene Teilchen (Ionen) zwischen den Polen weiter.

Ein klassisches Beispiel ist eine Batterie aus Zink. Das unedle Metall lässt sich einerseits als Batteriebehälter verwenden und bildet zugleich den negativen Pol. Als Pluspol kommen Substanzen wie Manganoxid, auch Braunstein genannt, in Betracht.

Das Zink gibt Elektronen ab. Es oxydiert und wird mit der Zeit abgebaut: Zink-Ionen gehen in die Flüssigkeit über. »Das ist ähnlich wie bei einem Rostprozess«, sagt Stefan Vetter, Elektronikingenieur beim Batteriehersteller Varta in Ellwangen. »Wenn der Zinkbecher mit der Zeit korrodiert, kann die Batterie auslaufen.« Aus den entstandenen Löchern tritt dann eine ätzende Brühe aus.

Das muss allerdings nicht sein. Heute baut man Zinkbatterien meist aufwendiger: aus einem Stahlbehälter, an dessen Wand das Manganoxid gepresst wurde. Das Zink dagegen liegt bei solchen Alkali-Mangan-Batterien in Form eines Pulvers vor. Es hat daher eine große reaktive Oberfläche. Die Batterie wird damit leistungsfähiger und sicherer.

Allerdings können auch Alkali-Mangan-Batterien in seltenen Fällen auslaufen. Während das Zink oxydiert, bildet sich im Innern der Batterie aus Wasser gasförmiger Wasserstoff. Normalerweise nur in kleinen Mengen. Wenn das Zinkpulver jedoch viele Verunreinigungen durch Schwermetalle wie Eisen enthält, erhöht sich die Gasmenge. Der Wasserstoff muss dann über eine Membran abgelassen werden, damit der Druck nicht so stark steigt, dass die Batterie explodiert.

Öffnet sich die Membran innerhalb der Nutzungszeit, tritt auch hier Flüssigkeit aus: eine durchsichtige Lauge, die an der Luft mit CO_2 reagiert und einen bröseligen Niederschlag bildet. Man kann ihn vorsichtig mit einem Tuch entfernen und muss deswegen nicht gleich die Nachttischuhr wegwerfen.

Warum welken Blumen in der Vase?
Wenn Rosen oder Gerbera nach kurzer Zeit die Köpfe hängen lassen, dann meist aufgrund von Wassermangel. Obschon sie im Wasser stehen, ist die größte Gefahr für Schnittblumen, dass sie verdursten. Und zwar, weil ihre Leitungen durch Luftblasen und Bakterien verstopfen und sie an das reichlich vorhandene Wasser nicht mehr herankommen.

Blumen geben wie alle Pflanzen ständig Wasser über ihre Blätter an die Umgebungsluft ab. Durch diese Verdunstung entsteht ein Sog, der neues Wasser über den Stängel nach oben zieht. Die Leitungsbahnen reichen bis in die Wurzeln. Wegen ihrer feinen Verästelungen haben die Wurzeln eine große Oberfläche und saugen viel Feuchtigkeit aus dem Boden. In geringem Maße unterstützen sie die Wasseraufnahme auch aktiv. Ihr eigener Wurzeldruck bewirkt zum Beispiel, dass Wasser auch im Frühjahr, wenn noch keine Blätter da sind, nach oben steigt.

Schicksal einer jeden Schnittblume ist es, von ihrer natürlichen Versorgung abgetrennt zu werden. Statt eines ausgedehnten Wurzelgeflechts steht ihr plötzlich nur noch ein kleiner Stängelquerschnitt zur Wasseraufnahme zur Verfügung. Durch die Verdunstung der Blätter baut sich in den Leitungsbahnen ein starker Sog auf, der sich bis zur Schnittfläche fortsetzt. Wenn die Schnittfläche jedoch nicht in Wasser eingetaucht ist, sei die Pflanze erheblichen Gefahren ausgesetzt, so Ludger Hendriks, Leiter des Instituts für Gartenbau der Forschungsanstalt Geisenheim. Sie zieht Luft in die Leitungsbahnen und die so entstehenden Gasblasen blockieren dann den Wassertransport; der Fachmann spricht von einer Luftembolie. Um derartige Embolien zu vermeiden, sollte man die Stielenden nach dem Einkauf möglichst feucht halten, zu Hause neu anschneiden und direkt ins Wasser stellen.

Auch Bakterien verstopfen die Leitungen. Um Mikroorganismen fern zu halten, empfiehlt es sich, Vasen gründlich zu reinigen, keine Blätter im Wasser zu lassen und das Wasser alle drei Tage zu wechseln. Im selben Rhythmus kann man die Stängel neu anschneiden. Am besten mit einem scharfen Messer und schräg, sonst werden weiche Stiele wie die einer Gerbera gequetscht und unnötig verletzt, was Bakterien neue Angriffspunkte bietet.

Blumen wie Rosen, die noch aufgehen sollen, zehren von ihren spärlichen Energiereserven. In der Wohnung fehlt ihnen Sonnenlicht, um selbst Zucker herzustellen. Wer nun aber dem Blumenwasser Zucker zufügt, der füttert gleichzeitig die Bakterien. »Blumenfrischhaltemittel enthalten neben Zucker auch bakterienhemmende Substanzen«, sagt Hendriks. »Sie senken den pH-Wert des Wassers ab und fördern die Wasseraufnahme.« So hält der Geburtstagsstrauß schon mal ein paar Tage länger.

WISSEN UNTERWEGS

Warum ist auf Karten Norden oben?

Hallo zu Hause! Ich bin mal wieder in Venedig. Von der Piazzale Roma aus mit dem Wassertaxi in Richtung Accademia, aber dann? Die Stadt ist labyrinthisch. Enge Gassen, Brücken, ich habe das Hotel nicht gefunden, an jeder Kirche den Stadtplan aufgeschlagen, ihn gedreht, mich gedreht. Warum sind solche Karten nicht nach einem markanten Ort ausgerichtet? Warum ist oben nicht da, wo die Piazza San Marco ist?

Bis weit ins 18. Jahrhundert hinein präsentierten sich Städte auf Karten von ihrer Schokoladenseite. Erst dann wurden auch Stadtpläne eingenordet, angepasst an eine Systematik, die sich im Lauf der Jahrhunderte durchgesetzt hatte.

»Im europäischen Mittelalter war auf Weltkarten noch der Osten oben«, sagt Markus Heinz, stellvertretender Leiter der Kartenabteilung der Berliner Staatsbibliothek. »Daher der Begriff ›Orientierung‹.« Dem Reisenden nützten die schematischen Karten allerdings wenig, sie veranschaulichten vor allem religiöse Ansichten. »Im Osten lag das Paradies, lag Jerusalem.«

Die große Vereinheitlichung begann mit der Wiederentdeckung der Geographie des Claudius Ptolemäus in der Renaissance. Der Himmelskundler und Naturforscher aus Alexandrien hatte im 2. Jahrhundert eine detaillierte Weltkarte anhand von vielen Tausend bekannten Orten gezeichnet. Ein großartiges Werk, eine Basis für die neuzeitliche Kartographie. Und hier lag Norden oben.

Ptolemäus projizierte die Oberfläche der Erdkugel auf eine Ebene und verwendete gekrümmte Linien für die Breitengrade. Für seine astronomischen Berechnungen war der nördliche Himmelspol, der Polarstern, der wichtigste Fixpunkt. Zwar hätte er die Karte auch nach Süden, zur Mittagssonne, drehen können, über die Geographie der südlichen Teile Afrikas war damals allerdings wenig bekannt.

Der Norden war besser erschlossen, hier lagen jene Länder des Mittelmeerraums, mit denen die Ägypter wichtige Handelsbeziehungen unterhielten.

Und so bildete die ptolemäische Karte, vielfach nachgedruckt und im Zeitalter der Entdeckung Amerikas erweitert und verbessert, den künftigen Standard. Selbst in Venedig wird man heute eingenordet. Den Stadtplan legt man in der Serenissima allerdings am besten zur Seite, folgt dem Rat des venezianischen Schriftstellers Tiziano Scarpa und lässt sich treiben – »Sichverirren ist der einzige Ort, den anzusteuern sich lohnt«.

Warum wird dem Beifahrer schlecht?

Meine Familie kommt aus dem Gargano, dem Sporn des italienischen Stiefels. Bis in 1000 Meter Höhe ragt das Kalksteingebirge hinauf. Wenn ich als Kind auf gewundenen Landstraßen durch den Gargano geschaukelt wurde, um entlegene Bergdörfer zu erreichen, wurde mir regelmäßig schlecht.

Was bei Serpentinenfahrten ins Schlingern gerät, zeigt ein Blick ins Innenohr. Dort befinden sich unsere Gleichgewichtsorgane: die nur erbsengroßen Bogengänge und Otolithenorgane. Sie erfassen die Bewegung im Raum selbst dann, wenn unsere Augen auf ein Buch oder eine Playstation gerichtet sind. Zwar merken wir auf diese Weise nicht, ob das Auto steht oder mit gleich bleibendem Tempo fährt. Drehungen und lineare Beschleunigungen nehmen wir damit aber sehr wohl wahr.

»Die Bogengänge registrieren Drehungen«, sagt Andrew Clarke, Leiter des Gleichgewichtslabors der HNO-Klinik der Berliner Charité. »Die drei dünnen Schläuche sind mit einer Flüssigkeit gefüllt.« Diese Flüssigkeit schwappt bei Kurvenfahrten hin und her.

Wenn man eine Kaffeetasse dreht, kann der Kaffee der

Rotation zunächst nicht ganz folgen. Die Flüssigkeit bleibt zurück. Aufgrund ihrer Trägheit kreist sie dann jedoch noch eine Weile weiter, wenn man die Tasse wieder anhält. In ähnlicher Weise strömt die Flüssigkeit in den Bogengängen bei Drehungen hin und her. Sie drückt dabei gegen eine dünne Membran, Sinneszellen leiten die Information ans Gehirn weiter.

Tritt der Fahrer dagegen auf gerader Strecke aufs Gas, geraten kleine Ohrsteinchen, die Otolithen, in Bewegung. Sie sind schwerer als die sie umgebende Flüssigkeit und bleiben bei Beschleunigung zurück. Auch sie reizen entsprechende Sinneszellen.

»Wenn unsere Gleichgewichtsorgane dem Gehirn etwas anderes anzeigen als unsere Augen, kommt es zu einem Sinneskonflikt«, so Clarke. Etwa beim Lesen im Auto. Vielen Beifahrern wird dann schlecht. Wer dagegen am Steuer sitzt, ist mit den Augen dabei. Aber nicht nur das: Er kann antizipieren, welche Beschleunigungen als Nächstes auftreten. Unstimmigkeiten bei der Informationsverarbeitung werden so vermieden. Bei Schiffstouren ist das ähnlich. Wer leicht seekrank wird, der nimmt am besten selbst das Ruder in die Hand.

Warum flimmert Asphalt bei Hitze?
Strahlender Sonnenschein, freie Fahrt auf der Autobahn und plötzlich eine große Pfütze auf der Straße. Sie löst sich auf in nichts, sobald man näher kommt. Der »schwimmende Asphalt« ist eine typische Sommererscheinung, ähnlich der Fata Morgana. Fast jeder Autofahrer hat so etwas schon einmal erlebt. Doch wie kommt es zu dieser optischen Täuschung?

Es ist für uns völlig selbstverständlich, dass alle Lichtstrahlen geradewegs auf uns zu laufen. Wir können nicht um die Ecke gucken und halten es daher für eine ausgemachte Sache, dass das, was wir sehen, auch dort ist, wo wir es sehen.

Es gibt allerdings Ausnahmen von der Regel. Wer zum Beispiel mit beiden Beinen im Wasser steht, sieht ein seltsam verzerrtes Bild. Denn im dichteren Wasser pflanzen sich Lichtstrahlen langsamer fort als in der Luft, sie ändern beim Übergang vom einen in das andere Medium ihre Richtung. Die Folge: ein Knick in der Optik, die Beine erscheinen uns verkürzt.

Durchquert das Licht auf dem Weg zu unserem Auge Medien unterschiedlicher Dichte, kann es zu Verzerrungen oder Spiegelungen kommen. So auch an sengend heißen Tagen, an denen sich der dunkle Asphalt einer Straße extrem aufheizt und flirrt.

»Bei starkem Wind wird diese Wärme sofort wieder abgeführt«, so Thomas Hauf vom Institut für Meteorologie und Klimatologie der Universität Hannover. Bei Windstille hingegen ist die Luft direkt über dem Straßenbelag entsprechend warm. Dadurch ändert sich ihre Dichte, denn mit steigender Temperatur streben die Luftmoleküle weiter auseinander und benötigen mehr Raum. Die Luft über heißem Asphalt ist folglich dünner als die kälteren Schichten darüber.

An dieser nach unten hin dünneren Luft spiegelt sich der blaue Himmel. »Man sieht als Autofahrer nicht mehr die Straße, wenn man in die Ferne schaut, sondern Lichtstrahlen, die vom Himmel kommen und kontinuierlich zum Betrachter hin gebrochen werden«, sagt Hauf.

Luftspiegelungen begegnen uns vor allem da, wo der Blick weit schweifen kann, etwa in der Wüste oder auf dem Meer. Dort macht sich die Ablenkung an unterschiedlich dichten Luftmassen besonders bemerkbar, weil das Licht ungewöhnlich lange Wege zurücklegt, ehe es ins Auge des Betrachters fällt. Doch ob Seen in der Wüste, Paläste am Himmel oder flimmernder Asphalt – es ist alles nur heiße Luft.

Warum legt der Kuckuck Eier in fremde Nester?

Er scheut die Paarbindung, drückt sich vor dem Nestbau und dem Brüten. Dennoch vermehrt sich der Kuckuck erfolgreich. Wie das möglich ist? Auf Kosten anderer.

Der Kuckuck verfolgt alle Vogelbewegungen im Revier und beobachtet genau, was an der Eierbörse vor sich geht. Beharrlich spekuliert er auf eine Singvogelart und schlägt dann in Sekundenschnelle zu: fliegt zu einem Nest, stibitzt ein Ei, das er später frisst, und legt ein eigenes hinein. Auf diese Weise verteilt der Kuckuck seine genetischen Anlagen auf acht, zehn oder noch mehr Nester, um die Saison möglichst gewinnbringend abzuschließen.

Dabei geht es ihm nicht etwa um kleine Anteile am fremden Bruterfolg. Mit seiner Mogelpackung beansprucht Cuculus canorus den ganzen Gewinn für sich. Während die ahnungslosen Singvögel ihre Eier bebrüten, öffnet sich die Schale des Kuckuckseis als erste. Das Küken ist schon ganz Kind seiner erblichen Eltern. Kaum einen Tag alt, macht es Tabula rasa, wirft alle anderen Eier aus dem Nest und imitiert mit lauten Bettelrufen die ganze Brut. Wochenlang wird es von den Adoptiveltern gefüttert, von Teichrohrsängern, Gartenrotschwänzen oder winzigen Zaunkönigen, denen der Nestling rasch über den Kopf wächst.

»Brutparasitismus gibt es auch bei Zebrafinken«, sagt Wolfgang Forstmeier vom Max-Planck-Institut für Ornithologie in Seewiesen. »Allerdings nur innerhalb ein und derselben Vogelart.« Zebrafinkenweibchen schieben anderen Paaren ein Ei unter, ehe sie selbst mit dem Brüten anfangen. So können sie insgesamt mehr Eier legen und sparen sich Arbeit bei der Aufzucht der Jungen. Forstmeier vermutet darin eine evolutionäre Vorstufe zum Kuckucksverhalten. Ein nächster Schritt könnte die Strategie mancher Stärlinge sein, die zur Brutpflege bevorzugt verwandte Arten heranziehen.

Von den weltweit gut 130 Kuckucksarten legen knapp 60

ihre Eier ausschließlich in fremde Nester, darunter der Europäische Kuckuck.»Wenn eine solche Strategie zu mehr Nachkommen führt, setzt sie sich in wenigen Generationen durch.«

Zu den Gegenmaßnahmen der Wirtsvögel gehört das Diskriminieren fremder Eier – doch das klappt nur in seltenen Fällen. Kuckuckseier haben sich nämlich mit der Zeit in Form und Farbe an die ihrer Lieblingswirte angepasst. Manche Kuckucke kontrollieren sogar, ob sich die Betrogenen wehren: Andalusische Häherkuckucke zerstörten ganze Elsternnester, als sie ihre zuvor dort abgelegten Eier nicht wiederfanden. Angesichts dieser Attacken sprachen selbst Ornithologen von »Mafiamethoden«.

Ob die Vögel damit langfristig Erfolg haben? Weiß der Kuckuck!

Warum sterben Eintagsfliegen nach wenigen Stunden?

Für das kurze Leben der Eintagsfliegen gibt es einprägsame Bilder. So schrieb etwa der französische Essayist Michel de Montaigne: »Aristoteles sagt, es befinden sich am Flusse Hispanis kleine Insekten, die nur einen Tag leben. Dasjenige, welches um acht Uhr morgens stirbt, stirbt in seiner Jugend; welches abends fünf Uhr stirbt, stirbt vor Altersschwachheit.«

Aus moderner biologischer Sicht charakterisieren allerdings weder Jugend noch Alter den geflügelten Lebensabschnitt der Eintagsfliege. Seine lange Jugend verbringt das Insekt nämlich als Larve. Erst wenn es Flügel trägt, wird es geschlechtsreif, paart sich sofort und stirbt rasch. Ein Eltern- oder Großelternstadium erlebt die Eintagsfliege nicht mehr. Sie altert nicht, sie verhungert.

Erwachsene Eintagsfliegen leben ausschließlich für die Fortpflanzung. »Sie haben keine Mundwerkzeuge und nehmen keine Nahrung mehr auf«, sagt Arne Haybach vom

Büro für Hydrobiologie in Mainz. Irgendwann kommt ihr Stoffwechsel zum Erliegen. Die Männchen suchen so lange ihr Glück, bis ihre Kräfte schwinden. »Wenn sie schwärmen, verbrauchen sie all ihre Energie.« Die Weibchen legen nach der Kopulation die befruchteten Eier ab – Hunderte oder Tausende, je nach Art –, dann finden auch sie ein feuchtes Grab.

Ihr Tod ist der Anfang neuen Lebens. Aus den Eiern schlüpfen Larven, die im Wasser bleiben, viele Monate lang, manche bis zu drei Jahre. Die Larven fressen Algen und totes organisches Material. Während sie wachsen, häuten sie sich immer wieder, bis sie schließlich an die Wasseroberfläche kommen, Flügel anlegen und ein letztes Mal aus der Haut fahren.

Danach geht alles rasch. Die Rheinmücke, Oligoneuriella rhenana, lebt im flugfähigen Stadium nur etwa 40 Minuten. Dem Mückenweibchen bleibt, nachdem es geschlüpft ist, nicht einmal die Zeit, die letzte Haut von den Flügeln abzustreifen. Sofort stürzt sich ein Männchen auf die zarte Fliegenfrau.

Auch die dänische Eintagsfliege, Ephemera danica, lebt nur ein bis zwei Tage an der Luft. »Das kostbare Erwachsenenstadium wird gekürzt«, so der Eintagsfliegenexperte Haybach. Die neue Umgebung ist voller Gefahren. Schwalben, Möwen und andere Räuber jagen nach kleinen Geflügelhappen.

Cloeon dipterum, auch Fliegenhaft genannt, verdankt seinen etwas längeren Atem einem Versteckspiel. Die Weibchen suchen einen möglichst sicheren Ort auf und harren dort bis zu 14 Tage aus, bis die Larven schlupffertig sind. Erst dann setzen sie den Nachwuchs im Wasser aus.

Warum reagiert ein Touchscreen auf Berührung?

Beim Fahrkartenkauf am Automaten verliere ich gelegentlich den Überblick. Wie kommt man hier zu einem 10-Uhr-Monatsticket für den Tarifbereich AB des Berliner Nahverkehrsnetzes? Anhand der Menüleiste ist das weder auf den ersten noch auf den zweiten Blick zu begreifen. Kürzlich sah ich dabei wieder einmal so alt aus, dass mir ein elf- oder zwölfjähriger Junge – »Kann ich helfen?« – vormachte, wie man dieses Problem löst.

Völlig unbekümmert springt die Generation Touchscreen am Bildschirm vor und zurück. Für kleine Jungs oder Mädchen steht außer Frage, dass der Monitor auf ihre Fingerbewegungen reagiert. War doch immer schon so! Für mich ist es noch heute ein kleines Wunder.

Touchscreens bestehen oft aus mehreren, übereinander liegenden Platten, etwa einer Glasplatte und einer flexiblen Kunststofffolie. Beide sind mit einer dünnen, transparenten Schicht überzogen, die den elektrischen Strom leitet. Als Material für eine solche Beschichtung eignet sich Indium-Zinn-Oxid.

So lange der stumme Diener auf Kunden wartet, werden die beiden Schichten von winzigen Abstandshaltern auf Distanz gehalten. Berührt man den Bildschirm jedoch mit den Fingern, bringt man die Schichten miteinander in Kontakt. Anhand dieses elektrischen Kontakts erkennt der Automat die Position und damit den Menüpunkt, den der Klient ausgewählt hat.

Das gelingt, weil beide Schichten zusammen ein Koordinatensystem aus Längen- und Breitengraden bilden, wenn an jede von ihnen eine elektrische Spannung angelegt wird. Aufgrund ihres elektrischen Widerstandes fällt diese Spannung in der einen Schicht zum Beispiel von links nach rechts ab, in der anderen von oben nach unten.

»Der elektrische Widerstand ist linear über jede der beiden Flächen verteilt«, sagt der Nachrichtentechniker Karl-

Friedrich Kraiss, Emeritus des Instituts für Mensch-Maschine-Interaktion der Rheinisch-Westfälischen Technischen Hochschule Aachen. »Durch den Kontakt teilt man den Gesamtwiderstand sowohl in horizontaler als auch in vertikaler Richtung.« Jedem Punkt auf dem Schirm entsprechen somit zwei Spannungswerte. Die Koordinaten sind eindeutig. Sie werden an das Steuergerät und die Software des Automaten weitergegeben, der blitzschnell reagiert.

Die hier beschriebene Methode ist preiswert. Daneben gibt es etliche andere technische Lösungen für berührungsempfindliche Bildschirme. Auch Ultraschallwellen kommen zum Einsatz. Wie eine Insel im Flusslauf stört ein Finger die Ausbreitung dieser Wellen.

Warum wartet der Sekundenzeiger der Bahnhofsuhr?

Irgendwann sucht der Blick eines jeden eine der Uhren entlang des Bahnsteigs. Die Reisenden schauen zu dem Zifferblatt hinauf, als hätten sie keine Zeit zu vergeuden und wollten die verbleibenden zwei, drei Minuten noch für irgendetwas nutzen: eine SMS, einen Coffee to go, Zeitungslektüre.

Wartezeit wird oft als unausgefüllte Zeit empfunden. Umso befremdlicher, wenn der Uhrzeiger selbst in Wartestellung geht: Bei jeder Bahnhofsuhr läuft der rote Sekundenzeiger im Kreis, bis zur Zwölf. Dann bleibt er stehen. Auf der Höhe der Zeit. Und wartet. Vielleicht zwei Sekunden lang. Endlich springt der Minutenzeiger weiter, und auch der dünne Rote tickt wieder.

Uhrzeit fließt nicht. Sie wird in Einheiten zerlegt, ob durch mechanische Hemmungen oder Elektronensprünge von einem Energieniveau zum nächsten. Bei der Atomuhr werden solche Sprünge durch Mikrowellen provoziert. Dann misst man die Frequenz der Welle, die Zahl ihrer Schwingungen pro Sekunde.

Die Deutsche Bahn nimmt es mit der Zeit sehr genau und besorgt sie sich bei der Physikalisch-Technischen Bundesanstalt (PTB), die ihre kodierten Zeitzeichen über einen Langwellensender von Mainflingen aus im Dauerbetrieb verbreitet. »Jede Funkuhr in Deutschland empfängt dieses Signal«, sagt Andreas Bauch, Leiter der Arbeitsgruppe »Zeitübertragung« der PTB. Die Funkuhr nimmt das Zeittelegramm auf und bleibt auf dem Laufenden. Es sei denn, die Übertragung wird durch irgendwelche elektrischen Felder gestört, etwa von einem Fernsehgerät. Oder von einer Elektrolok.

Ein Bahngleis ist kein guter Standort für eine Funkuhr. Deshalb gibt es an Bahnhöfen meist nur ein einziges Empfangsgerät an einem geeigneten Platz. Alle anderen Uhren erhalten ihren Impuls einmal pro Minute per Kabel von der Mutteruhr. »Man lässt ihren Sekundenzeiger etwas schneller laufen, um sicher zu sein, dass er die Zwölf schon erreicht hat, wenn der Minutenimpuls ankommt.«

Die Wartestellung erhöht auch die Aufmerksamkeit für den Sprung des Minutenzeigers und die fahrplanmäßige Abfahrt. Der Zug darf nicht zu früh losfahren. Unsereinen erinnert die Bahnhofsuhr daran, wie schwer Zeit zu fassen ist.

Man hat es stets mit mehreren Uhren zu tun: der Armband- oder Funkuhr, die schon mal aus dem Takt kommt, der Atomuhr, die die Weltzeit bestimmt, und der Himmelsuhr. Die tickt wegen der unregelmäßigen Erdbewegung zwar nicht so genau, gibt aber den eigentlichen Rhythmus vor: die Zeit an sich.

Warum trillert die Pfeife?

Ein gellender Pfiff – der Zug fährt los. Auf dem ganzen Bahnsteig ist das Signal zu hören. Das kleine Ding erfüllt seinen Zweck.

Erstmals kam die Trillerpfeife 1878 zum Einsatz: im Fußballspiel zwischen Nottingham Forest und Sheffield. Seither hat sie sich im Kampf des Schiedsrichters mit der Schwerhörigkeit der Fußballspieler bestens bewährt. Denn sie ist laut.

Manchmal pfeift es schon, wenn nur der Wind eine Häuserecke trifft. An der Kante bilden sich Luftwirbel, die sich in zufälliger Folge nach oben und unten ablösen. So entstehen Töne unbestimmter Höhe.

Auch bei Flöten blasen wir eine Schneide an. Um einen berechenbaren Ton hervorzubringen, muss das Ablösen der Wirbel auf die Länge des Instruments abgestimmt werden. Eine Blockflöte hat ein Schnabelmundstück. Dadurch sind der Anströmwinkel der Luft und die Form des Luftstrahls fest vorgegeben. Das macht das Musizieren leichter als mit einer Querflöte.

Die Druckänderungen der Luft breiten sich im Inneren der Flöte aus. Sie werden an den Enden des Rohrs reflektiert und können sich zu stehenden Wellen überlagern: den Eigenschwingungen des Instruments. Je kleiner die Flöte – oder die durch Öffnen und Schließen der Grifflöcher festgelegte effektive Rohrlänge –, umso kürzer ist die Wellenlänge und umso höher ist der Ton.

Tiefe Töne sind schwerer anzusteuern. Man darf sie nur anhauchen. Pustet man zu kräftig, kommen Obertöne ins Spiel, also Töne mit Wellenlängen, die nur die Hälfte, ein Drittel oder ein Viertel der Grundschwingung des Rohrs betragen. Hohe Töne überbläst man nicht so schnell. In das kurze Mundstück der Flöte oder in eine Trillerpfeife kann man laut und kräftig blasen, ohne dass sich der Ton in ein Gemisch von Frequenzen auflöst. Oder man überbläst sie bewusst, weil die Tonhöhe egal ist. Volles Rohr!

Bei den kurzen Trillerpfeifen gibt es zusätzliche Tricks. Hier zählt nicht die Lautstärke allein. Joseph Hudson entwickelte Mitte der 1880er Jahre eine Trillerpfeife mit Kügelchen. 1909 erfolgte der Wechsel zur Pfeife ohne Kügelchen, mit zwei Kammern. Irgendwann kehrte das Kügelchen zurück – diesmal regen- und speichelfest –, doch seit den achtziger Jahren ist es wieder verschwunden.

»Das Kügelchen erzeugt Fluktuationen im Schall«, sagt Gunter Ziegenhals, Physiker am Institut für Musikinstrumentenbau in Zwota. Das typische Trillern. »Ein solches Signal mit Fluktuationen nimmt der Spieler eher wahr.« Bei zu heftigem Blasen kann die Kugel aber blockieren, der Pfiff des Schiedsrichters bleibt womöglich aus.

Daher verzichtet man neuerdings wieder auf die Kügelchen. Schiedsrichterpfeifen ohne Kügelchen haben mehrere Kammern, die jeweils unterschiedliche Töne entfesseln. Sie sind auf dissonante Klänge ausgelegt, passend zu den eher hässlichen Situationen im Fußballspiel. Nur wenn's im Ohr ein bisschen wehtut, können sich die Schiedsrichter auf dem Rasen und die Schaffner auf dem Bahnsteig den nötigen Respekt verschaffen.

Warum trifft Vögel auf Hochspannungsleitungen kein Schlag?

Uhus, Weißstörche, Mäusebussarde. Wie viele Vögel unseren Stromleitungsnetzen zum Opfer fallen, bleibt im Dunkeln. Denn nur, wenn es etwa einen der wenigen Seeadler in Bayern trifft, ist der Stromtod den Medien eine Schlagzeile wert.

Das Seltsame dabei: Die Vögel können eigentlich problemlos auf Hochspannungskabeln sitzen. Während der Wolframdraht einer Glühbirne bei 220 Volt glimmt, verbrutzelt eine Taube selbst auf einer 380 000-Volt-Leitung nicht.

Mit dieser gigantischen Spannung wird elektrische Energie von den Kraftwerken in die Städten gebracht. Ein Teil der Energie geht unterwegs als Wärme verloren. Bei hoher

Spannung lassen sich solche Verluste jedoch minimieren. Man vergrößert auf diese Weise das Gefälle des Flusses, in dem die Elektronen zum anderen Ende strömen.

Die hohe Spannung kann sitzenden Vögeln wenig anhaben. Hocken sie still auf dem Kabel, fließt der Strom an ihnen vorbei. Denn ihr Körper und die Luftstrecken zu anderen Leitungen stellen für wandernde Elektronen einen wesentlich höheren Widerstand dar als der Metalldraht.

»Vögel sitzen aber nicht gern auf Hochspannungsleitungen«, sagt Jiri Silny, Leiter des Forschungszentrums für Elektromagnetische Umweltverträglichkeit der Rheinisch-Westfälischen Technischen Hochschule Aachen. Raben und Stare halten sich von Leitungen mit mehr als 60 000 Volt eher fern. Denn in der Umgebung der Leitungen seien die elektrischen Feldstärken so hoch, dass Vögel sie über ihr Federkleid wahrnehmen. »Die Feldstärken verursachen Vibrationen in den Federn, die auf Sinnesrezeptoren übertragen werden.« Statt auf Hochspannungsleitungen halten sich Vögel eher auf dem darüber laufenden geerdeten Seil auf, dem Blitzableiter. Des Öfteren sieht man sie auch auf Niederspannungskabeln.

Trotzdem kommen viele Vögel durch Stromnetze um. Insbesondere die Nachtwanderer unter ihnen kollidieren mit den im Dunkeln schwer auszumachenden Kabeln. Eine noch größere Gefahr geht von den geerdeten Strommasten aus, die von Störchen oder Greifvögeln als Brutplätze und Sitzwarten genutzt werden. Beim An- und Abflug können große Vögel über ihre Schwingen oder Nestmaterial in Kontakt mit benachbarten Leitungen und stromführenden Bauteilen kommen. Dann stellt ihr Körper plötzlich eine Brücke zwischen unterschiedlichen Spannungen dar, über die ein gefährlicher Strom fließt. Schon der eigene Kot kann so für die Mastbewohner tödlich werden.

WISSEN BEIM DOKTOR

Warum friert man bei Fieber?

Fische, Amphibien und Reptilien können ihre Körpertemperatur kaum regulieren. Sie zählen zu den wechselwarmen Tieren und sind von der Temperatur ihrer Umgebung abhängig. Wenn's friert, bleiben sie inaktiv. Im Winter fallen viele von ihnen in eine lange Kältestarre.

Doch obschon sie keinen guten inneren Thermostat besitzen, reagieren Goldfisch & Co. auf Infektionen mit Fieber. Sie suchen in einem solchen Krankheitsfall eine wärmere Umgebung auf, wie Forscher in den siebziger Jahren feststellten. Zum Beispiel verbessert der Wüstenleguan Dipsosaurus dorsalis seine Überlebenschancen durch ein ausgiebiges Sonnenbad. In ähnlicher Weise begegnet der grüne Baumfrosch Aeromonas hydrophila einer Bakterieninjektion mit einem Temperaturanstieg um zwei Grad Celsius. Bakterien nämlich bekommt eine höhere Temperatur nicht. Unter Hitze können sie weniger Eisen binden und wachsen schlechter, ihre Zellwände werden nicht so gut ausgebildet.

Auch unser Organismus antwortet auf Infektionen mit Fieber. Die leicht erhöhte Körpertemperatur kurbelt vor allem das Immunsystem an. Weiße Blutkörperchen zum Beispiel, die die Krankheitserreger abwehren, werden mobiler. Wir bekommen Fieber, obwohl unser Körper versucht, seine Kerntemperatur immer bei ungefähr 37 Grad Celsius zu halten.

»Dieser Sollwert ist in unserem Temperaturregelzentrum im Hypothalamus gespeichert«, sagt Joachim Roth vom Institut für Veterinär-Physiologie der Universität Gießen. Diese Temperatur ist optimal für unseren Stoffwechsel und die Funktion unserer Organe. Allerdings ist die Einstellung nicht ganz konstant: Am frühen Abend liegt sie etwas höher, im Tiefschlaf niedriger.

»Bei Fieber verschiebt sich der Sollwert deutlich nach oben.« Ins Blut freigesetzte Botenstoffe bewirken eine Neuregelung im Gehirn. Von da an setzt der Körper alles daran, den höheren Sollwert zu erreichen. Um Wärmeverluste zu minimieren, verengen sich die Blutgefäße an den Extremitäten, die Muskeln beginnen zu zittern, um aktiv Wärme zu erzeugen.

Trotzdem ist uns kalt. »So lange der Istwert noch unter dem Sollwert liegt, frieren wir«, so der Biologe und Fieberforscher. »Das ist ganz ähnlich wie bei einer normalen Unterkühlung.« Und wie Baumfrosch und Wüstenleguan suchen wir bei Fieber am liebsten ein warmes Plätzchen auf und verkriechen uns ins Bett. Mit Wärmflasche.

Fieber ist eine sinnvolle Reaktion des Körpers auf eine Erkrankung. Trotzdem können fiebersenkende Mittel angebracht sein. Vor allem bei Patienten mit Herzbeschwerden oder in der Frühphase der Schwangerschaft, aber auch, wenn die Temperatur einmal zu stark steigen sollte.

Warum tragen Ärzte weiße Kittel?

Wenn Grippe- und Noroviren grassieren, vermutet man sie überall: an der Haltestange der U-Bahn, auf dem Griff des Einkaufswagens, der Tastatur des Bankautomaten. Zu Hause wäscht man sich am besten gleich die Hände. Seife ist zwar kein gutes Antiseptikum – sie bringt Krankheitskeime nicht um. Trotzdem kann man potentielle Erreger damit loswerden, denn sie löst fettige Substanzen, Hautschuppen und Schweiß. Schrubbt man die Hände ein bisschen, spült das Wasser auch die meisten Keime weg.

Den Gynäkologen Ignaz Philipp Semmelweis machte regelmäßiges Händewaschen berühmt. Semmelweis stellte fest, dass die Zahl der Frauen, die am Kindbettfieber starben, beträchtlich sank, wenn die behandelnden Ärzte ihre Hände mit Chlorkalk desinfizierten. Durchsetzen konnte er sich mit der Forderung nach mehr Hygiene in den Kliniken zunächst nicht. Seine Kollegen operierten Mitte des 19. Jahrhunderts noch in Straßenkleidung, die Militärchirurgen in Uniform.

Sterile Operationsmethoden fanden endlich mehr Beachtung, nachdem Robert Koch die Erreger der Wundinfektion mit fotografischen Mitteln sichtbar gemacht hatte. »Erst nach 1880 kam man auf die Idee, dass die Erreger über Hände und Instrumente in eine Wunde gelangen«, sagt Johanna Bleker vom Institut für Geschichte der Medizin der Berliner Charité. »Nach der Jahrhundertwende hatten dann alle Ärzte weiße Kittel an.«

Anders als einen schwarzen Gehrock, kann man weiße Kittel bei hoher Temperatur waschen, Keime und Bakterien sicher abtöten. Denn Weißwäsche ist hitzebeständig. Auf Weiß sieht man außerdem jeden Fleck. So lässt sich leichter kontrollieren, ob der Arzt einen frischen Kittel trägt oder nicht.

»Weiße Kittel sind ein Sinnbild für Sauberkeit.« In infektionsträchtigen Bereichen einer Klinik muss heutzutage auch das Reinigungspersonal täglich den Kittel wechseln, weil Textilien Vehikel für Mikroorganismen sind. Krawatten zum Beispiel sind wahre Keimschleudern und wurden inzwischen selbst von britischen Chefärzten abgelegt.

Allerdings schaffen weiße Kittel allein noch keine Saubermänner. In deutschen Krankenhäusern infizieren sich Jahr für Jahr mehr als eine halbe Million Patienten mit Erregern, mehrere Zehntausend sterben daran. Auf Intensivstationen ist die Gefahr, sich anzustecken und dann an einer Blutvergiftung zu sterben, besonders hoch. Mangelnde Hygiene zählt dabei leider immer noch zu den Hauptrisikofaktoren.

Warum machen Babys Bäuerchen?

»Kannst du sie mal einen Augenblick halten?« – Schon habe ich Antonia im Arm. Meine Stimme klettert eine Oktave höher, doch das ändert nichts daran, dass die Kleine lieber bei der Mutter geblieben wäre. Antonia kennt kaum mehr als Schlafen, Trinken, Ausscheiden und das Gesetz: Mutter spendet Nestwärme und Milch. Ich habe nicht mal ein Spucktuch. Als das erste Bäuerchen kommt – »Gut gemacht, Antonia!« –, gilt meine Aufmerksamkeit nicht dem Baby, sondern meinem Kaschmirpullover. Muss das sein?

Ein Bäuerchen ist für sich genommen noch kein Hinweis darauf, dass das Baby in eine Überflussgesellschaft hineingeboren wird. Gemessen an seinem kleinen Körper nimmt ein Säugling allerdings erstaunliche Nahrungsmengen zu sich. So trinkt ein fünf Kilogramm schweres Baby mühelos ein 200-Milliliter-Fläschchen. Bezogen auf sein Körpergewicht ist das so viel, als würde ein 70 Kilogramm schwerer Erwachsener bei einer Mahlzeit 2,8 Liter Suppe verzehren.

»Wenn dann noch viel Luft mitgeschluckt wird, steigt der Druck im Magen«, sagt Sibylle Koletzko, Leiterin der pädiatrischen Gastroenterologie an der Uniklinik München. Der kleine Magen muss daraufhin erst einmal Luft ablassen, ähnlich wie nach dem Trinken von zu viel Kohlensäure. Sie entweicht am schnellsten in aufrechter Körperhaltung. Deshalb ist es wichtig, Babys nach dem Essen auf dem Arm zu tragen.

Die Luft findet ihren Weg durch ein Ventil nach oben, den Schließmuskel am Übergang von der Speiseröhre zum Magen. Das Ventil lässt die Nahrung in der Regel nur in eine Richtung durch, nämlich nach unten. Bei Überdruck jedoch öffnet es sich kurz, und mit der Luft kann ein Teil des Mageninhalts zurück in die Speiseröhre fließen.

»Wenn das 10 oder 20 Milliliter sind, reicht das beim Erwachsenen nur ins untere Drittel der Speiseröhre«, so die Kinderärztin. Daher nehmen wir einen solchen Reflux kaum wahr. »Bei einem Neugeborenen fasst die gesamte Speiseröhre aber nur 10 Milliliter. Das Refluxat reicht dann rasch bis zum Mund oder wird mit der Luft nach draußen befördert.« Wo hoffentlich ein Lätzchen darauf wartet. Ups!

Bäuerchen sind meist harmlos und auch in der Tierwelt verbreitet. Gefährlich kann das Bäuerchen einer Zecke für uns werden. Denn mit dem Mageninhalt der Zecke gelangen Krankheitserreger wie Borrelien in unseren Körper. Daher sollte man Zecken rasch entfernen: zu Beginn ihres Saugaktes und ohne sie zuvor mit Öl oder anderen Hausmitteln zu einem Bäuerchen zu reizen.

Warum haben wir einen Blinddarm?

Fehlt Ihnen etwas? Vermutlich sind Sie eher überausgestattet. Es gibt Körperteile, die der Mensch eigentlich nicht braucht und die auf seine Evolution verweisen. Das Steißbein zum Beispiel gilt als verkümmerter Rest des Affenschwanzes. Müßig zu fragen, warum man es mit sich herumträgt. Ein Biologe würde eher fragen: Warum nicht? Ist es für das eigene Überleben von Nachteil, am Ende der Wirbelsäule vier oder fünf verknöcherte, zurückgebildete Wirbel zu besitzen? Wohl kaum. So ist der kleine Fortsatz der Menschheit erhalten geblieben.

Von dem im Mittel zehn Zentimeter langen Wurmfortsatz des Blinddarms denkt man gemeinhin ähnlich. Er wird als Rudiment der Evolution betrachtet, als nutzloses Anhängsel, das allenfalls Beschwerden verursacht. Bei Entzündungen wird er meist entfernt. Ein Routineeingriff.

Tatsächlich spielt der Wurmfortsatz für unsere Verdauung keine Rolle. Auch der Blinddarm selbst, das blind endende Anfangsstück des Dickdarms, ist für den Allesfresser Mensch weniger bedeutend als für Säugetiere, die rein pflanzliche Nahrung zu sich nehmen. Pferde haben einen riesigen Blinddarm, eine Gärkammer mit einem Fassungsvermögen von 30 Litern, in der die Nahrung aufbereitet wird.

Neben der Verdauung hat der Darm auch die Aufgabe, Krankheitserreger zu erkennen. Hauptakteure der Immunabwehr sind Lymphozyten, spezielle weiße Blutkörperchen, die im Knochenmark und in der Thymusdrüse reifen. Von dort aus begeben sich die Zellen auf die Suche nach Fremdkörpern und wandern zu den Lymphorganen, zu denen Mandeln, Lymphknoten und Milz gehören, aber auch der Wurmfortsatz des Blinddarms und andere Darmabschnitte.

»Schneidet man ihn auf, findet man dort viele Lymphozyten«, sagt Reinhard Pabst, Direktor am Institut für Funktionelle und Angewandte Anatomie der Medizinischen Hochschule Hannover. Er sei, ähnlich wie andere lokale Strukturen des Darmtrakts, Bestandteil des Immunsystems. »Untersuchungen bei Menschen, denen der Wurmfortsatz entfernt wurde, haben bisher jedoch keine Hinweise auf nachteilige Auswirkungen geliefert.«

Der Wurmfortsatz scheint entbehrlich zu sein. Bedeutungslos ist er nicht. So gibt es Anhaltspunkte dafür, dass er bei Durchfallerkrankungen ein Rückzugsgebiet für jene nützlichen Bakterien darstellt, die unseren Darm besiedeln.

Warum verkalken Arterien?

Das Herz kann schon mal aus dem Takt geraten, wenn wir verliebt sind oder eine Schrecksekunde erleben. Ansonsten schlägt es ziemlich gleichmäßig: 70 Mal pro Minute, tagein, tagaus, zirka 40 Millionen Mal pro Lebensjahr. Es ist erstaunlich, dass das Organ und die daran angeschlossenen Schläuche, die Arterien, dieser Dauerbelastung jahrzehntelang standhalten.

Unter hohem Druck pumpt das Herz Blut in die Hauptschlagader. Die Aorta muss den Herzschlag erst einmal abfangen. Mit ihren elastischen Wänden wird sie regelrecht aufgeblasen. Zieht sie sich wieder zusammen, strömt das

Blut weiter zu kleineren Arterien, die sich erweitern und verengen können und den Blutfluss im Körper regulieren.

Während unsere Venen nur dünne Wände haben, weil das Blut unter niedrigem Druck zum Herzen zurückfließt, sind die Arterien einem hohen Innendruck ausgesetzt. Ihre Wände sind aus mehreren Schichten aufgebaut. Trotzdem können sie im Alter beschädigt werden und Risse kriegen. Ausschlaggebend dafür sind die Veranlagung und zahlreiche andere Faktoren. Je höher zum Beispiel der Blutdruck ist und je mehr man raucht, umso eher kommt es dazu.

Die Arterienverkalkung beginnt mit winzigen Schäden an der Innenauskleidung der Schlagadern, dem Endothel. Wie bei der Heilung jeder Wunde, wird auch in diesem Fall das Abwehrsystem unseres Körpers aktiviert. Weiße Blutkörperchen machen sich zu der lädierten Stelle auf, die Innenwand der Arterie schwillt an. Im Zuge der Entzündungsprozesse lagern sich Fett und Kalk ab, die Arterie wird enger.

»Die eingewanderten weißen Blutkörperchen, die Fresszellen, nehmen unter anderem Cholesterin aus dem Blut auf«, sagt der Stoffwechselexperte Eberhard Windler vom Uniklinikum Hamburg-Eppendorf. Ist der Cholesterinspiegel im Blut hoch, bekommen die Fresszellen mehr Futter, die Wundstelle schäumt eher auf, die Verkalkung der Arterie wird beschleunigt. »Wer einen zu hohen Blutdruck und einen zu hohen Cholesterinspiegel hat, ist also doppelt gefährdet.«

Insbesondere wächst dadurch die Gefahr eines Schlaganfalls oder Herzinfarkts. Denn geschädigte Innenwände können plötzlich aufreißen. Im Nu entsteht ein Blutgerinnsel, das die Koronararterien des Herzens oder eine Schlagader im Gehirn verschließen kann.

Vor Arteriosklerose schützt man sich Windler zufolge am besten durch eine gesunde Lebensweise und Ernährung. Wer viel Obst, Gemüse und Salat isst, hält seine Blutgefäße länger jung.

Warum helfen Antibiotika nicht gegen Viren?
Bakterien sind die kleinsten bekannten Lebewesen. Viren sind zwar noch kleiner, aber sie fressen nichts, wachsen nicht und können sich nicht einmal aus eigener Kraft vermehren. Daher gelten sie gemeinhin nicht als lebendig.

Man kann das allerdings infrage stellen. Denn mit fremder Hilfe pflanzen sich die winzigen Gebilde, die aus dürftig eingepackter Erbsubstanz bestehen, munter fort. Sie machen sich Wirtszellen gefügig, verbrauchen deren Ressourcen und richten sie dabei meist zugrunde. Anpassungsfähig wie sie sind, befallen sie Bakterien, Pflanzen und Tiere. In unserem Körper verursachen sie Grippe und Mumps, aber auch Krankheiten wie Aids, wenn sie Zellen des Immunsystems angreifen.

Viren lassen sich nur schwer bekämpfen. Am besten ist es, wenn das Immunsystem selbst mit ihnen fertig wird und sie an der Vermehrung hindert, etwa weil man sich mit einer Impfung auf die Eindringlinge vorbereitet hat. Für Medikamente jedoch bieten Viren, da sie so einfach gestrickt sind, nur wenige Angriffspunkte.

Anders Bakterien. Sie ernähren sich, wachsen heran, sind lebensnotwendigen und für jede Bakterienart spezifischen biochemischen Prozessen unterworfen. Hier haken Antibiotika ein. »So kann man in den Stoffwechsel der Bakterien eingreifen, ohne dabei menschliche Zellen zu beeinträchtigen«, sagt Norbert Suttorp, Leiter der Medizinischen Klinik mit Schwerpunkt Infektiologie der Berliner Charité.

Ein Angriffspunkt für Antibiotika ist zum Beispiel die Zellwand der Bakterien. »Bakterien haben eine Hülle, die sie als stützende Struktur brauchen.« Penicillin verhindert eine korrekte Quervernetzung dieser Zellwand. Ohne stabile Hülle gehen die neu heranwachsenden Bakterienzellen ein.

Leider sind viele Bakterien inzwischen gegen Penicillin & Co. resistent. Je häufiger die Arzneien eingesetzt werden, umso eher passen sich die Mikroorganismen an. Hausärzte verschreiben oft Antibiotika, ohne zu wissen, welche Art der Infektion vorliegt – auf Drängen der Patienten auch gegen Virusinfektionen, gegen die Antibiotika nachweislich nichts ausrichten können. Eine universelle Keule, die sowohl gegen Bakterien als auch gegen Virus- und Pilzinfektionen einsetzbar wäre, gibt es bis heute nicht.

Warum leben Frauen länger?

Wissenschaftler haben eine Schwäche fürs Klosterleben. Sie beobachten die Gehirnaktivität buddhistischer Mönche während der Meditation und studieren den positiven Einfluss des geregelten Alltagslebens katholischer Nonnen auf Demenzerkrankungen. Als besonders ergiebig hat sich eine Untersuchung der Lebenserwartung von 12 000 bayerischen Nonnen und Mönchen erwiesen.

In dieser Bevölkerungsgruppe sind unterschiedliche Verhaltensweisen der Geschlechter im Arbeitsalltag oder bei der Ernährung auf ein Minimum reduziert. Innerhalb der Klostermauern pflegen Frauen und Männer nahezu denselben Lebensstil, der Einfluss äußerer Faktoren ist gering. Dennoch erreichen die Mönche nicht dasselbe Alter wie die Nonnen. Die Ordensschwestern leben im Mittel zwei Jahre länger. Ihre genetische Veranlagung und die Wirkung von Geschlechtshormonen wie Östrogen begünstigen offenbar die Langlebigkeit von Frauen. Zum Beispiel ist für sie das Risiko, schon vor Eintritt in die Wechseljahre einen Herzinfarkt zu erleiden, eher gering.

Die biologische Uhr des Mannes tickt schneller. Außerhalb des Klosters werden Männer im Schnitt nur 76 Jahre alt, Frauen dagegen 82. Hierzulande dürfen sich Frauen also über ein sechs Jahre längeres Leben freuen. Warum? – »Biologische Gründe spielen dabei sicherlich nicht die Hauptrolle«, sagt Elmar Brähler, Leiter der Abteilung Medizinische Psychologie und Medizinische Soziologie der Universität Leipzig. Auch das lässt sich aus der Klosterstudie ablesen: Denn deutsche Frauen erreichen im Mittel etwa dasselbe Alter wie die bayerischen Nonnen, deutsche Männer dagegen sterben vier Jahre eher als die Mönche. Dieser Unterschied ist verhaltensbedingt.

»Männer leben riskanter«, so Brähler. »Sie trinken erheblich mehr Alkohol und rauchen mehr.« Dadurch steigt das Risiko, an einem Herzinfarkt oder Lungenkrebs zu sterben. In der Unfallstatistik liegen Männer ebenfalls vorn, ihre Selbstmordrate ist höher. Insgesamt achten Frauen eher auf gute Ernährung und ihre Gesundheit. In anderen europäischen Ländern ist das Bild ähnlich, in Russland dagegen hat es sich geradezu dramatisch gewandelt. Dort erlebt der Durchschnittsmann nicht einmal mehr den 60. Geburtstag, die Frauen sterben erst 13 Jahre später.

In Deutschland liegt der Anteil der Frauen an den über 85-Jährigen bei 76 Prozent. Von wegen »schwaches Geschlecht«! In punkto Gesundheitsbewusstsein hinken Männer weit hinterher. Auch Jeanne Calment, die 1997 als älteste Frau der Welt mit 122 Jahren starb, hatte das Rauchen rechtzeitig aufgegeben: mit 119.

Warum bekommt man Gallensteine?

Steine wachsen. Nicht im Steingarten, aber in einer Tropfsteinhöhle. Dort erheben sich Stalagmiten Schicht für Schicht aus dem Boden, weil Wasser in Kontakt mit der Höhlenluft kohlensauren Kalk abscheidet. Stalaktiten hängen von der Decke herab.

Auch Speichel, Harnflüssigkeit und Galle können feste Stoffe absondern. So entstehen Speichelsteine, Nierensteine, Harnleitersteine, Blasensteine und Gallensteine. Mindestens jeder fünfte Deutsche schleppt von einem gewissen Zeitpunkt seines Lebens an Steine mit sich herum. Meist ohne es zu wissen, denn ein paar Kiesel in der Gallenblase machen noch keine Kolik. Man kann damit steinalt werden.

Unsere Leber produziert zirka einen halben Liter Galle am Tag, die sich in der Gallenblase sammelt. Nach dem Essen zieht sich die Gallenblase zusammen, die Flüssigkeit wird über die Gallenwege in den Dünndarm gepumpt. Dort ist der Saft unerlässlich zur Verdauung von Fett.

Das stoffliche Gleichgewicht zwischen Cholesterin, Lecithin und Gallensalzen in der Galle ist fein austariert. »Die meisten Gallensteine entstehen, wenn die Flüssigkeit über längere Zeit mehr Cholesterin enthält, als in Lösung gehalten werden kann«, sagt Frank Lammert, Spezialist für Gallensteine am Universitätsklinikum des Saarlandes. »Die Lösung ist dann übersättigt, das überschüssige Cholesterin fällt aus.«

Zunächst bilden sich kleine Körnchen, der Gallengries. Wachsen sie weiter, werden daraus mit der Zeit rosinen- bis walnussgroße Steine. Rund 80 Prozent der Gallensteine sind solche Cholesterinsolitäre, daneben gibt es auch dunklere Bilirubinsteine. Schmerzen bereiten sie meist erst dann, wenn sie die Gallenblase oder -gänge verstopfen und einen Rückstau der Galle verursachen.

Die Bildung von Gallensteinen werde durch eine ballaststoffarme und kohlenhydratreiche Ernährung begünstigt, so Lammert. Aber auch durch Bewegungsmangel, forcierte Diäten, Hormonbehandlungen in der Menopause und genetische Risikofaktoren wie einen angeborenen Lecithinmangel. Bei rund 190 000 Gallensteinoperationen in Deutschland pro Jahr sind zwei Drittel der Patienten weiblich.

Bemerkenswert ist, dass nur einer von 100 Massai in Ostafrika Gallensteine bekommt, während es bei den Pima-Indianern in Arizona jeder Zweite ist. »Das ist die weltweit höchste Rate. Aber die Pima sind erst erkrankt, nachdem sie ihre vorwiegend vegetarische Kost aufgegeben und Care-Pakete von der Regierung bekommen haben.«

Warum kann ich kein Fossil werden?

Ötzi. 40 plus, etwa mein Alter. Zuletzt trug er eine Ziegenfelljacke und mit Gras ausgestopfte Bergschuhe, war ausgerüstet mit einer Kupferaxt und Pfeilen. Bergwanderer fanden ihn in einem Gletscher in Südtirol. 5300 Jahre hatte er dort als Mumie im Eis überdauert.

Oder Lucy. Wir wissen nicht, ob sie tätowiert war wie Ötzi und ob sie wie dieser an die Heilwirkung von Baumpilzen glaubte. Aber der Bau ihres Skeletts verrät, dass sich Lucy schon vor mehr als drei Millionen Jahren auf zwei Beinen fortbewegte, womöglich im Watschelgang. Die spektakuläre Entdeckung machte eine ganze Hominidenart berühmt: Australopithecus afarensis, benannt nach dem Fundort, dem Afar-Dreieck, einer Tiefebene in Äthiopien, die mehrfach überschwemmt wurde und wieder trockenfiel.

Ötzi. Lucy. Und ich? Kann auch ich eines Tages zum Fossil werden? Für einen Berliner sind die Aussichten denkbar schlecht. Eine Mumifikation scheidet aus. Ötzi wurde schockgefroren wie viele sibirische Wollhaarmammuts vor ihm. In einem solchen Fall können selbst die Gene erhalten bleiben. Wo aber nicht Permafrost oder extreme Sonneneinstrahlung die Gegend unwirtlich machen, gibt es weder Kälte- noch Trockenmumien. In Berlin lassen sich Bakterien und andere Mikroorganismen kaum davon abhalten, ihr Werk der Zersetzung zu beginnen.

Nur wenige Lebewesen gelangen nach dem Tod in ein Milieu, das sie vor einer raschen Zersetzung bewahrt. Schnecken oder Insekten können in Baumharz konserviert werden. »Auf dem Festland sind die Chancen aber generell sehr gering«, sagt Helmut Keupp, Geologe und Paläontologe der Freien Universität Berlin. Denn hier werde in geologischen Zeiträumen eher Material durch Erosion abgetragen als akkumuliert. »Viel günstiger sind die Verhältnisse im Meer, am besten im Schwarzen Meer. Da kann eine Leiche komplett erhalten bleiben.«

Das Tiefenwasser des Schwarzen Meeres sei lebensfeindlich, eine Todeszone, in der nur jene Bakterienarten überdauern, die ohne Sauerstoff auskommen. Lebewesen, die in diese sauerstofffreien Tiefen hinabsinken, seien vor Aasfressern geschützt. Mit der Zeit legt sich Schlick schichtweise über ihren Leichnam, sie werden im Meeresboden eingebettet. Wenn sich der Grund nach und nach zu Sedimentgestein verfestigt, können sie zum Fossil werden. Ans Licht gelangen sie aber nur, falls sich der Boden eines Tages wieder aufwölbt oder trockengelegt wird. Viele fossile Lagerstätten sind einstige Moore, Seen oder Flachmeere.

WISSEN VORM KAMIN

Warum schnurren Katzen?

Katzen haben sieben Leben. »Sie können einen Sturz aus dem zwanzigsten Stock überstehen«, sagt Leo Brunnberg, Direktor der Poliklinik für Kleine Haustiere der Freien Universität Berlin. Ihr flexibles Skelett federt einen Gutteil der Energie des Aufpralls ab. Allerdings nur, wenn die Katze auf den Pfoten landet. »Ein Sturz aus dem dritten Stock ist für sie viel gefährlicher als einer aus dem siebten.« Fällt sie aus niedriger Höhe, bleibt ihr unter Umständen nicht genügend Zeit, sich in der Luft zu drehen, um ihre optimale Flug- und Landehaltung einzunehmen.

Katzen sind nicht nur für ihre Zähigkeit bekannt, sondern auch für ihre Müdigkeit. Von seinen sieben Leben verschläft der Stubentiger etwa fünf. Gut im (Dosen-) Futter, schlummert und döst er vor sich hin, oft 16, 17 Stunden am Tag. Währenddessen gibt er einen sanften, traulichen Brummton von sich, der gelegentlich auch uns Menschen schläfrig macht.

Das Schnurren sei meist Ausdruck des Wohlbehagens der Katze, so Brunnberg. »Sie schnurrt, wenn sie neben uns liegt oder mit hoch aufgestelltem Schwanz unsere Beine umschleicht.« Hin und wieder aber auch in belastenden Momenten, etwa während der Wehen. Womöglich schnurrt sie dann zur eigenen Beruhigung und Entspannung.

Das behagliche Schnurren ist beim Ein- und beim Ausatmen zu vernehmen. Es verkürzt die Atemphasen und erhöht die Atemfrequenz. Schiere Energieverschwendung?

Neueren wissenschaftlichen Studien zufolge verbessern Schallfrequenzen in dem entsprechenden Bereich von 25 Hertz und mehr das Knochenwachstum. Die Vibrationen erhöhten die Knochendichte, sagt Brunnberg. Das Schnurren wäre demzufolge eine Möglichkeit für Hauskatzen, aber auch für Pumas oder Geparden, ihre Muskeln und Knochen mit sparsamen Mitteln zu stimulieren, während sie ausspannen.

In anderen Fällen haben Forscher ein bisschen nachgeholfen. Zum Beispiel bei Schafen: Wissenschaftler haben die Tiere einer regelmäßigen Schüttelkur unterzogen und beobachtet, dass sich ihr Skelett dadurch langfristig signifikant festigt. Auch bei Tests für die bemannte Raumfahrt hat man durch den Einsatz von Vibrationsgeräten den durch mangelnde Bewegung bedingten Knochenabbau vermindern können. Vielleicht verdankt die Katze ihre sieben Leben einem ähnlichen, im Stillen ablaufenden Fitnessprogramm. Good vibrations.

Warum ist es im Winter kalt?

Wann haben Sie Deutschlands Hauptstadt zuletzt auf den Globus gesucht? Berlin, ein kleines Fleckchen über dem 52. Breitengrad. Wissen Sie, was eine solche Lage bedeuten kann? Wenn Sie auf diesem Breitengrad mit dem Finger nach Osten wandern, kommen Sie an Novosibirsk und Irkutsk vorbei, Sie streifen sibirischen Permafrost, passieren hinter Kamchatka das Beringmeer in Richtung Alaska, überqueren die Rocky Mountains, stechen bei Neufundland in die Labradorsee und verfehlen auf dem Rückweg nach Europa die Südspitze Grönlands nur knapp. Und da fragen Sie sich, warum es hier so kalt ist?

Kalt ist es in Sibirien, wo es weit und breit keinen Ozean gibt, der als Wärmespeicher den winterlichen Frost ausgleichen könnte. Oder in Alaska, das zwar am Pazifik liegt, aber dem eisigen Humboldtstrom aus dem Norden ausgesetzt ist, während wir uns in Mitteleuropa im Einflussbereich des Golfstroms wärmen.

Auch an den astronomischen Gegebenheiten gibt es für uns Europäer wenig auszusetzen. »Die Erde läuft nicht auf einer Kreisbahn um die Sonne, sondern auf einer Ellipsenbahn«, sagt Jürgen Fischer, Physiker und Meteorologe am Institut für Weltraumwissenschaften der Freien Universität

Berlin. Daher ist die Erde nicht immer gleich weit von der Sonne entfernt. Mal sind es 152, mal nur 147 Millionen Kilometer.

Der für uns glückliche Umstand: »Im Winter ist die Erde der Sonne am nächsten.« Gerade dann, wenn es auf der Nordhalbkugel richtig kalt wird, kommt der Globus der Sonne näher, sodass die Sonneneinstrahlung pro Quadratmeter etwa sieben Prozent höher liegt als im Durchschnitt. Infolgedessen fällt der Winter auf der Nordhemisphäre etwas milder aus.

Und warum ist es im Winter überhaupt kalt? »Das liegt an der Neigung der Erdachse«, so Fischer. Während die Erde um die Sonne fährt, ist mal die eine, dann die andere Hemisphäre der Sonne stärker zugewandt. Die Nordhalbkugel neigt sich im Sommer zur Sonne hin, im Winter aber von ihr weg.

So steigt die Sonne, vom Erdboden aus gesehen, im Winter nur wenig über den Horizont. Sie scheint pro Tag lediglich wenige Stunden, ihr Licht fällt unter einem flachen Winkel ein. Es muss einen längeren Weg durch die Atmosphäre nehmen, vor allem aber verteilt sich dieselbe Strahlungsmenge bei schrägem Lichteinfall auf eine größere Fläche. Dann wird der Erdboden weniger stark erwärmt. »Während die Berliner im Sommer mit bis zu 1200 Watt pro Quadratmeter rechnen können«, so Fischer, »sind es im Winter maximal 340 Watt.«

Warum knackt Holz im Kamin?

Einer griechischen Sage nach brachte Prometheus das Feuer auf die Erde. Er hatte zuvor den Stängel eines Riesenfenchels am vorbeirasenden Sonnenwagen entzündet. Die moderne Evolutionstheorie erzählt die Geschichte etwas anders: Ihr zu Folge war Homo prometheus ein kleiner, behaarter, breitnasiger Typ, der gerne Fleisch aß und vor einigen 100 000 Jahren damit begann, Steaks auf den heimischen Grill zu legen und seine Höhle zu illuminieren.

Dieser Prometheus konnte ziemlich gut mit Werkzeugen hantieren. Haben Sie schon mal versucht, aus dem Nichts ein Feuer zu entfachen? Ohne Feuerzeug oder Streichhölzer? Es gibt Menschen, die schaffen das heute noch. Sie versetzen einen dünnen Holzstab – etwa mit Hilfe eines Bogens – in eine so schnelle Drehung, dass die Spitze auf der Unterlage verkohlt und Funken fliegen.

Holz ist ein kostbarer Rohstoff. Es gibt einem Baum Stabilität, sodass dieser sicher in die Höhe wachsen kann. Gleichzeitig lässt es Wasser und Nährstoffe vom Boden hinauf zu den Blättern gelangen. Dazu bedarf es einer langen Leitung, besser gesagt: eines ganzen Röhrensystems.

Holzzellen sind innen hohl und von Zellwänden umschlossen. Viele übereinander gelegte Holzzellen bilden eine Röhre. Durch solche Kanäle strömt Wasser aus den Wurzeln zur Krone.

Die Zellwände nehmen aber auch selbst Feuchtigkeit auf. Sie bestehen aus kleinen, länglichen Cellulosefibrillen, viel dünner als ein menschliches Haar. Diese Bündel sind extrem steif. Wie Stahlstäbe im Beton liegen sie in einer schwammartigen Masse, den Hemicellulosen. Diese kann viele Wassermoleküle an sich binden, das Holz quillt auf.

»In der Hitze des Kamins trocknet Holz schnell aus«, sagt Carsten Mai aus der Abteilung Holzbiologie und Holzprodukte der Universität Göttingen. »Es zieht sich zusammen.« Und das auch noch ungleichmäßig, denn an der Oberfläche eines Holzscheits verdampft das Wasser schneller als im Innern. »So entstehen Spannungen, die sich in Rissen und Knackgeräuschen entladen.«

Vor allem aber kann es zu kleinen Gasexplosionen kommen. Der Wasserdampf bleibt nämlich teilweise im Holz eingeschlossen. In der Kaminhitze wird das in den Zellwänden gebundene Wasser gasförmig, die so entstehenden

Gasblasen erzeugen einen hohen Druck. Wie bei einem Kessel, dem der Deckel wegfliegt, verschafft sich das Gas manchmal plötzlich einen Weg ins Freie und reißt dabei Holzfasern und Glut mit. In geringerem Maße tragen auch andere Gase, die bei der Zersetzung des Holzes etwa aus Harzen entstehen, zu solchen Mini-Explosionen bei.

Kaminholz sollte man jedenfalls lange trocknen, ehe man es verfeuert. Es brennt dann auch besser. Die Verdunstung von Wasser verbraucht Energie. Sehr feuchtes Holz entflammt daher gar nicht, sondern raucht oder glimmt nur vor sich hin.

Warum löscht Wasser Feuer?

»Eine Cola mit Eis, bitte!« So mancher Drink schmeckt eisgekühlt besser. Aber wissen Sie auch, warum ein Eiswürfel Ihr Getränk kälter werden lässt?

Eine Erklärung könnte sein, dass der Eiswürfel Kälte abgibt, wenn er schmilzt und sich das kühle Schmelzwasser mit der Cola vermischt. Dann würde die Cola allerdings längst nicht so kalt oder aber bei zerhacktem Eis, das wegen seiner großen Oberfläche in der Tat schnell zu schmelzen anfängt, ziemlich verwässert. Umgekehrt wird ein besseres Argument daraus: Der Eiswürfel entzieht der Flüssigkeit die vorhandene Wärme. Sie wird aufgebraucht, um die starken Bindungen zwischen den Wassermolekülen im Eiskristall aufzubrechen.

Wasser kann sehr viel Wärme aufnehmen. Ein Eiswürfel kühlt die Cola, flüssiges Wasser löscht das Feuer. Die Ursache dafür ist jeweils dieselbe.

Ein Feuer erlischt nicht dadurch, dass der Wasserstrahl den Sauerstoff verdrängt, der für die chemischen Reaktionen benötigt wird. Vielmehr wird die Energie des Feuers aufgezehrt, wenn die Flüssigkeit verdampft und sich die Wassermoleküle voneinander trennen.

Wassermoleküle bestehen aus je einem Sauerstoff- und zwei Wasserstoffatomen. Sie haben eine außergewöhnliche Fähigkeit, Verbindungen untereinander einzugehen. Insbesondere können sich positiv geladene Wasserstoffatome gleichzeitig mit zwei negativ geladenen Sauerstoffatomen verknüpfen und eine Brücke von einem Molekül zum nächsten schlagen. Bei näherem Hinsehen sind solche Wasserstoffbrücken komplexe Strukturen, die durch viele Einflüsse stabilisiert werden. Mit dem Ergebnis, dass Wasser erst bei recht hoher Temperatur siedet und verdampft.

»Aufgrund der Wasserstoffbrücken wird viel Energie benötigt, um Wassermoleküle aus der flüssigen Phase in die Gasphase zu bringen«, sagt Hans-Robert Volpp, Experte für Molekulare Reaktionsdynamik an der Universität Heidelberg. Diese Energie wird dem Feuer entzogen. »Dadurch sinkt die Temperatur, und alle im Feuer ablaufenden chemischen Reaktionen werden langsamer.«

Die Verbrennungsgeschwindigkeit nimmt rapide ab. Ist die Feuerwehr mit genügend Wasser zur Stelle, fällt die Temperatur rasch unter den Löschpunkt. Vor allem, wenn das Wasser in Form feiner Tröpfchen versprüht werden kann, die noch schneller verdampfen. Ein solcher Wassernebel hat die optimale Löschwirkung. Ohne neuerliche Initialzündung kommt das Feuer anschließend nicht mehr in Gang.

Nicht bei jedem Feuer ist Wasser allerdings das Löschmittel der Wahl. Wenn Öl im Topf brennt, deckt man diesen am besten mit dem Deckel ab, um das Feuer zu ersticken. Löschwasser kann hier sogar gefährlich werden. »Der Dampf reißt feinste Öltröpfchen mit«, so Volpp. Sie spritzen in die Umgebung und können das Feuer in der ganzen Küche verbreiten.

Warum sprüht die Wunderkerze?

»Die einzig wahren Menschen sind für mich die Verrückten, die verrückt danach sind zu leben, verrückt danach zu sprechen, verrückt danach, erlöst zu werden, und nach allem gleichzeitig gieren – jene, die niemals gähnen oder etwas Alltägliches sagen, sondern brennen, brennen, brennen wie fantastisch gelbe Wunderkerzen.«

Wie im Rausch schrieb Jack Kerouac sein Buch »On the road«. Hätte der amerikanische Schriftsteller erlebt, dass die 36 Meter lange Manuskriptrolle eines Tages für 2,4 Millionen Dollar bei Christie's versteigert werden würde – die Verrücktheit der Menschheit hätte ihn noch mehr entzückt. Und wie klein ist dieser Betrag im Vergleich zu den Summen, die zur Begrüßung eines neuen Jahres in die Luft gejagt werden! In der Silvesternacht zünden wir den Himmel an wie eine Wunderkerze, um dann laut »Aahh!« zu rufen.

Wunderkerzen verdanken ihre Faszination glühenden Eisenspänen, die ins Dunkel davonfliegen. Abgesehen davon, dass Raketen Treibstoffe wie Schwarzpulver benötigen, unterscheidet sich die Chemie einer Wunderkerze nicht wesentlich von der des Feuerwerks. In beiden Fällen soll viel Licht erzeugt werden und zwar möglichst effektvoll in Form kleiner Sterne.

»Bei der Herstellung einer Wunderkerze vermischt man Aluminiumpulver mit Bariumnitrat zu einem Brei«, sagt Wolfgang Spyra, Chemiker an der Brandenburgischen Technischen Universität Cottbus. Aluminium ist leicht brennbar, vor allem wenn es bei hoher Temperatur mit viel Sauerstoff versorgt wird.

Stoffe, die mit Sauerstoff reagieren, verändern sich spürbar: Eisen rostet, Butter wird ranzig. Solche Oxidationen erfolgen im Stillen. Bei Wunderkerzen geht es heftiger zu, weil mit Bariumnitrat ein wirksames Oxidationsmittel ins Spiel gebracht wird. »Es gibt seinen Sauerstoff ab und bringt das Aluminium zum Brennen.«

Um aus dem Stäbchen eine Glitzer-Kerze zu machen, werden dem Brei Eisenpartikel beigemengt. Sie glühen weiß bis goldgelb, tanzen rund um das Metallstäbchen und werden weiter zerlegt. Bei der Reaktion von Aluminium mit Bariumnitrat wird nämlich auch Stickstoff gebildet. Ein solches Verbrennungsgas kann Airbags aufblasen, aber auch Eisenspäne aus einem zuvor getrockneten Brei herauskatapultieren.

Wunderkerzen seien nicht ganz ungefährlich, so Spyra, der als Direktionsleiter bei der Berliner Polizei zehn Jahre lang zuständig für Straftaten mit Pyrotechnik war. So verfügt er auch über ein Messgerät, das anzeigt, was für ein heißes Eisen man da in der Hand hält. »Die Temperatur steigt auf mehr als 1000 Grad Celsius.« Der dünne Metalldraht kann so weich werden, dass er sich unter seinem eigenen Gewicht verbiegt.

Warum halten Thermosflaschen warm und kalt?

Parallele Entdeckungen sind in der Wissenschaft gang und gäbe. Wenn die Zeit reif ist, kommen Menschen an unterschiedlichen Orten auf ähnliche Gedanken: Galileo Galilei und Thomas Harriot entdeckten das Fallgesetz, Isaac Newton und Gottfried Wilhelm Leibniz entwickelten die Differentialrechnung, Joseph Wilson Swan und Thomas Alva Edison erfanden die Glühlampe.

Auch die doppelwandige Thermosflasche ward doppelt erfunden. Als in der zweiten Hälfte des 19. Jahrhunderts die ersten Kältemaschinen gebaut wurden, beschäftigten sich James Dewar, Chemiker an der Universität Cambridge, und der Chemnitzer Physiklehrer Adolf Ferdinand Weinhold mit derselben Frage: Wie lassen sich Flüssigkeiten kühl halten?

»Damals war bereits bekannt, dass ein Vakuum gut isoliert«, so Friedrich Naumann, emeritierter Technikhistoriker an der Technischen Universität Chemnitz. Weinhold stellte daher zwei geblasene Glasgefäße ineinander, verschweißte ihre oberen Ränder und pumpte aus dem schmalen Zwischenraum nach und nach Luft ab. »Mit zunehmender Evakuierung erhielt er ein Gefäß, das die Wärme nicht mehr so schnell abgibt.«

Metalle wie Silber oder Kupfer leiten Wärme gut weiter, Porzellan oder Glas deutlich schlechter. Eine Glaskanne hält Tee daher länger warm als eine Silberkanne. Im Innern einer Thermoskanne gibt es zwischen der doppelten Glaswand noch ein Vakuum, durch das Wärme weder von innen nach außen geleitet wird noch andersherum. So bleiben heiße Getränke heiß und kalte kalt.

Allerdings nicht für immer und ewig. Denn jeder Körper sendet auch Wärmestrahlung aus, und die braucht kein Medium zur Ausbreitung. Sie durchquert selbst luftleere Räume. In der Nähe eines Lagerfeuers oder Ofens spüren wir die Wärmestrahlung direkt auf der Haut. Um sie in einem Behälter zurückzuhalten, kann man dessen Innenseite verspiegeln. Eine solche Silberbeschichtung wirft die Wärmestrahlen ins Innere zurück.

James Dewar kam zuerst auf diesen Gedanken. Der gebürtige Schotte meldete sogar ein Patent an. Das war jedoch nicht umfassend genug, worüber sich der clevere Glasbläser Reinhold Burger freute, der die Erfindung 1903 beim Kaiserlichen Patentamt unter der Nummer DE 170057 registrieren ließ. »Unentbehrlich für Touristen, Reisende, Automobilisten, Radfahrer …, alle Arbeiter, zur Kinderpflege, zu Brunnenkuren.« So warb die in Berlin von ihm gegründete »Thermos GmbH« für die neuen Flaschen.

Warum haben Katzen schlitzförmige Pupillen?
Während sich unsre Pupillen bei Tageslicht ringförmig zusammenziehen, verengen sich die der Katze zu einem

Schlitz. Wie Keile liegen die dunklen Spalte in ihrem Augenweiß. Ihr Blick ist geheimnisvoll.

Die seltsame Form der Pupillen hängt mit dem Verhalten der Tiere zusammen: Katzen werden erst in der Dämmerung aktiv. Im spärlichen Abendlicht müssen sich ihre Pupillen sehr weit öffnen, um den schwachen Widerschein der Umwelt noch registrieren zu können. Die Linse im Katzenauge wird auf diese Weise großflächig ausgenutzt. Das ist allerdings nicht nur vor Vorteil, es führt auch zu Abbildungsfehlern, die schon den Erfindern des Fernrohrs zu schaffen machten.

Eine Linse bündelt eintreffendes Licht und fokussiert es im besten Fall auf einen Brennpunkt. Lichtstrahlen, die bei weit geöffneten Pupillen vom Rand her kommen, müssen dazu stärker gebrochen werden als Strahlen, die durch die Mitte gehen. Solche Randstrahlen führen typischerweise zu verwischten Bildern, wenn die Linse nicht optimal geformt ist. Zusätzliche Probleme bereitet das Farbensehen. Weil Licht unterschiedlicher Farbe unterschiedlich stark gebrochen wird, fächert eine Linse, wie ein Prisma, das Sonnenlicht in die Regenbogenfarben auf – ebenfalls ein unerwünschter Effekt.

Derartige Abbildungsfehler lassen sich verringern, wenn der Randbereich der Linse ausgeblendet bleibt. Unser Auge erreicht dies durch eine kleine, runde Pupille. Je kleiner die Öffnung, umso besser die Tiefenschärfe. Wie bei einer Kamera.

Katzenaugen haben sich, ähnlich wie die Augen der nachtaktiven Geckos, anders entwickelt. Ihre Netzhaut ist mit nur zwei Typen von Farbrezeptoren ausstaffiert. Daher ist ihr Farbspektrum nicht so breit wie unseres. Andererseits können Katzen aber auch nachts Farben erkennen. Und dabei helfen ihnen besonders kunstvolle Linsen:

»Die Katze hat multifokale Linsen«, sagt Ronald Kröger, Experte für physiologische Optik an der Universität Lund in

Schweden. Multifokale Linsen sind aus konzentrischen Ringen zusammengesetzt. Diese Zonen unterscheiden sich in ihrer Eiweißstruktur und damit in ihrer Brechkraft. »Jeder Ring wird für einen anderen Farbbereich verwendet«, so der Biologe. Auf diese Weise könne die Linse verschiedenfarbiges Licht in ein und demselben Brennpunkt zusammenführen.

Neben Katzen verfügen auch etliche Fische, Amphibien, Reptilien und Säugetiere, darunter sogar einige Primaten, über multifokale Linsen. Damit Katzen solche Linsen auch am Tag bestmöglich – sprich: über alle Ringe hinweg – nutzen können, darf der Randbereich nicht völlig verdeckt werden, wenn sich die Pupille schließt. Katzenaugen ziehen sich daher nicht ringförmig zusammen. Ein Schlitz ist hier die weitaus bessere Lösung.

WISSEN UNTERM STERNENHIMMEL

Warum sind Sterne Pünktchen?

Die Milchstraße beheimatet mehr als 100 Milliarden Sterne. Davon kann man auch bei guter Sicht nur ein paar Tausend mit bloßem Auge sehen. Ohne Fernrohre wüssten wir nicht einmal von der Existenz unseres nächsten Nachbarsterns: Proxima Centauri.

Mit galaktischem Maßstab gemessen, liegt Proxima Centauri gleich um die Ecke. Trotzdem braucht ein Lichtstrahl mehr als vier Jahre, um von dort zu uns zu gelangen. In dieser Zeit legt das Licht 40 Billionen Kilometer zurück. Es durchquert eine sternenlose Finsternis, denn die vielen Sterne der Milchstraße verteilen sich auf einen unvorstellbar großen Raum.

Wegen der riesigen Dimensionen nimmt man Sterne, wenn überhaupt, nur als Pünktchen wahr. Proxima Centauri zum Beispiel bleibt dem bloßen Auge verborgen. Der Rote Zwergstern ist deutlich kleiner als die Sonne und strahlt tausendmal weniger Energie ab.

Dagegen ist Beteigeuze, der Schulterstern im Orion, ein Riese und trotz der Distanz von 600 Lichtjahren gut sichtbar. An den Ort unserer Sonne gesetzt, würde er fast bis zum Jupiter reichen, die Erde und alle inneren Planeten verschlingen. Mit den besten derzeit verfügbaren Teleskopen sieht man Beteigeuze nicht als Pünktchen, sondern als kleines Scheibchen.

Von Proxima Centauri sind es lediglich 0,2 Lichtjahre bis zu dem Doppelstern Alpha Centauri, der hell am Nachthimmel leuchtet. In manchen Regionen des Alls liegen Sterne allerdings noch viel dichter beieinander. »Wenn sich unser Sonnensystem mitten in einem Kugelsternhaufen befände, würden wir die Sterne nicht bloß als Pünktchen sehen«, sagt Jakob Staude vom Max-Planck-Institut für Astronomie in Heidelberg. In Kugelsternhaufen leuchten im Umkreis von wenigen Lichtjahren einige 100 000 Sterne. »Da wird es nachts nicht dunkel.« Als Bewohner eines Kugelsternhaufens könnten Sie dieses Buch zu jeder Tages- und Nachtzeit im Licht der Sterne lesen. Aber die Voraussetzungen für die Entstehung bewohnbarer Planeten sind dort angesichts der Sternwinde und des chaotischen Spiels der Anziehungskräfte ziemlich schlecht.

Wir leben in einem ruhigen Viertel der Galaxis, unsere Sonne vollführt keine Loopings, sie wird auch nicht durch vorbeirasende Nachbarsterne vom Kurs abgebracht. Der nächste Stern ist Lichtjahre entfernt. Ein Pünktchen bloß. »Deshalb sind wir so einsam«, sagt Staude. Vielleicht aber ist gerade diese Einsamkeit eine Voraussetzung für unsere Existenz.

Warum steht der Polarstern immer im Norden?

»Der Polarstern ist untergegangen«, schrieb Adelbert von Chamisso von unterwegs, während seiner dreijährigen Weltreise, auf der er 1816 bis nach Chile gelangt war. Auf der Südhalbkugel stand die Welt Kopf: »Die Kälte kommt von Süden, und der Mittag liegt im Norden, und man tanzt am Weihnachtsabend im Orangenhain.«

Für Reisende und Seefahrer ist der Polarstern seit Jahrtausenden eine Orientierungshilfe. Dem Naturforscher und Lyriker Chamisso aber bot nun auch der Anblick des Sternenhimmels keine sichere Orientierung mehr. Er hatte nicht nur den Polarstern aus den Augen verloren, am Südhimmel gab es auch kein Pendant dazu.

Während alle anderen Sterne im Verlauf einer Nacht über den Himmel fahren, weil sich die Erde um ihre Achse dreht, bleibt der Polarstern immer an Ort und Stelle. Er steht genau da, wo die verlängerte Erdachse hinweist, und bleibt daher immer im Norden. »Wie es der Zufall will, steht genau dort ein relativ heller Stern am Himmel«, so Siegfried Röser vom Astronomischen Rechen-Institut der Universität Heidelberg. »Dagegen findet man in der Nähe des Südpols keinen so hellen Stern.« »Polaris Australis«, der hellste Stern in der Nähe des Himmelssüdpols, sei gerade noch mit bloßem Auge zu erkennen.

Dem nächtlichen Betrachter fällt allerdings auch der Polarstern keinesfalls sofort ins Auge. Man findet ihn am schnellsten von den beiden hinteren Sternen des »Großen Wagens« aus. Verlängert man ihre Verbindungslinie knapp fünf Mal, gelangt man zum Himmelsnordpol.

Das Licht braucht etwa 430 Jahre, um vom Polarstern zu uns zu gelangen. Wäre ein mittelprächtiger Stern wie unsere Sonne dort platziert, würde man ihn mit bloßem Auge nicht sehen. Der Polarstern jedoch ist ein pulsierender Supergigant mit einer gut 2000 Mal höheren Leuchtkraft. Mit irdischen Maßstäben gemessen: Wenn die Sonne eine Erbse wäre, dann wäre der Polarstern so groß wie Fußball.

Zwar steht er am Himmel fest, aber die Drehachse der Erde bewegt sich wie die Rotationsachse eines Kreisels. Das führt dazu, dass der Himmelspol alle 26 000 Jahre einen kleinen Kreis durchwandert. Gegenwärtig kommt der Polarstern dem kreiselnden Himmelspol immer näher, um das Jahr 2100 herum wird er ziemlich genau im Norden zu sehen sein. 13 000 Jahre später wird dann der Stern Wega seinen Platz als Nordlicht einnehmen.

»Wega ist noch heller«, so Röser. Sie gehört zu den Top Ten der hellsten Sterne am Nachthimmel, obschon sie bei weitem nicht die Leuchtkraft des jetzigen Nordsterns erreicht. Aber Wega ist nur 25 Lichtjahre weit weg, schlappe 250 Billionen Kilometer. In unserer Milchstraße liegt sie damit gleich um die Ecke.

Warum verfinstert sich der Mond?

Grunions sind mondsüchtig. In Vollmondnächten, kurz nach der Springflut, lassen sich die dünnen, silbrigen, bleistiftlangen Fische zu Tausenden an die kalifornischen

Strände spülen. Die Weibchen bohren sich in den Sand, um ihre Eier abzulegen, die Männchen befruchten das Gelege. Im feuchten Sand ist die Brut anscheinend sicherer als auf dem Meeresboden. Sie kann sich dort in Ruhe entwickeln, und mit der nächsten Springflut werden junge Fische ins Meer geschwemmt.

An Kaliforniens Küste steigt der Wasserpegel alle 14 Tage mit der Springflut an. Und zwar immer dann, wenn Sonne, Erde und Mond auf einer Linie liegen und sich ihre Schwerkraftwirkungen verstärken: also bei Vollmond und Neumond. Der Lebensrhythmus der Grunions ist an die Springflut und damit an den Mondzyklus gekoppelt.

Während der Mond um die Erde kreist, erscheint er immer wieder in neuem Licht. Schiebt er sich zwischen Sonne und Erde, wird die Sichel schmaler, bis wir die beleuchtete Seite gar nicht mehr sehen. Dann ist Neumond. Haben wir dagegen die Sonne im Rücken, wenn wir zu ihm hinauf schauen, steht er in vollem Glanz.

In manchen Vollmondnächten verfinstert sich der Mond allerdings fast völlig: Es kommt zu einer totalen Mondfinsternis. Dabei taucht der Mond in den Kernschatten der Erde ein.

Die Erdkugel wirft einen langen, kegelförmigen Schatten. Die Spitze dieses Schattenkegels reicht 1,4 Millionen Kilometer weit ins All hinaus – der Mond ist uns mit etwa 380 000 Kilometern Abstand deutlich näher. Der Erdkernschatten ist breit genug, um den ganzen Mond für längere Zeit zu verdunkeln. So erwartet uns etwa am 15. Juni 2011 eine besonders lange Mondfinsternis von einer Stunde und vierzig Minuten.

»Wenn Sonne, Erde und Mond genau auf Linie lägen, hätten wir jeden Monat eine totale Mondfinsternis«, sagt Ralf-Jürgen Dettmar vom Astronomischen Institut der Ruhr-Universität Bochum. »Aber so vollkommen symmetrisch sind die Bahnverhältnisse nicht.« Mondfinsternisse sind seltene Schauspiele. Die Umlaufbahn des Mondes um die Erde liegt nämlich nicht auf derselben Ebene, auf der er gemeinsam mit der Erde um die Sonne kreist. Die Mondbahn ist leicht gekippt. Meist zeigt sich der Vollmond oberhalb oder unterhalb des Erdschattens.

Ganz schwarz wird der Mond übrigens auch während der Finsternis nicht. Die Sonnenstrahlen erreichen ihn dann zwar nicht mehr geradewegs, aber es erfolgt eine indirekte Beleuchtung durch die Erde. Denn das Sonnenlicht wird in der Erdatmosphäre zum Mond hin gebrochen, am stärksten das rote Licht. So färbt sich der verfinsterte Mond rost- bis dunkelrot.

Warum tun Fische kein Auge zu?

Ob Goldfisch und Koi-Karpfen auch Siesta machen? Schwer zu erkennen. Obschon sie ruhig im Wasser liegen oder sich still am Boden des Aquariums aufhalten, sind ihre Augen immer geöffnet.

Uns fallen bei Müdigkeit die Augen zu. Die geschlossenen Lider blenden Lichtreflexe aus und schützen die Augen vor Fremdkörpern. Ihre wichtigste Funktion aber: Der Lidschlag bewahrt die Hornhaut davor auszutrocknen. Stünden unsere Augen immer offen, wäre der schützende Tränenfilm schnell verdunstet. Die Lider verteilen tagsüber in regelmäßigen Abständen Tränenflüssigkeit über die Hornhaut. Beim Einschlafen schließen sie sich. Ein ständiges Blinzeln wäre nachts womöglich äußerst lästig.

Fische brauchen ihre Augen nicht eigens zu befeuchten und haben auch keine Hautfalte zu diesem Zweck entwickelt. Als Wasserbewohner kommen sie seit jeher ohne Augenlider aus. Eine Ausnahme bilden verschiedene Haiarten, die ihre Augen bei Gefahr mit einer Nickhaut schützen.

Das aber bedeutet nicht, dass Fische nicht schlafen würden. Quappe, Zander und große Barsche zum Beispiel sind Raubfische, die in der Dämmerung aktiv werden. Mit einem guten Fang können sie ihren Nahrungsbedarf schnell decken. Anschließend legen sie zur Verdauung lange Ruhephasen ein. So schlafen manche der wehrhaften Fische tagsüber ziemlich tief. »Wenn Barsche ruhen, stützen sie sich mit den Flossen am Boden oder an einer Pflanze ab«, sagt Georg Staaks vom Leibniz-Institut für Gewässerökologie und Binnenfischerei. »Die Quappe liegt fast regungslos in einem Unterschlupf am Boden und erschrickt beinahe, wenn man sie anstößt.«

Beutefische wie kleine Moderlieschen oder auch die deutlich größeren Plötze können sich einen solchen Tiefschlaf nicht leisten. Plötze sind den lieben langen Tag auf Nahrungssuche, fressen Wasserpflanzen und diverse Kleintiere. »Nachts behalten sie etwa zehn Prozent ihrer Aktivität bei«, so Staaks. Sie führen weiterhin Schwimmbewegungen aus und sind schon bei kleinen Störungen hellwach.

Fische haben nicht nur einen Tag- und Nachtrhythmus, ihre Aktivität wechselt auch mit den Jahreszeiten. Wenn eine dicke Eisschicht den See bedeckt, rühren sich Karpfen oder Zander kaum noch. Der Antarktisdorsch Notothenia coriiceps legt im Winter sogar unabhängig von der aktuellen Umgebungstemperatur seinen Stoffwechsel auf Eis: Er schaltet wie das Murmeltier auf eine Art Winterschlaf um, aus dem er nur alle paar Tage kurzzeitig aufwacht.

Warum sind nachts alle Katzen grau?

Mit der Abenddämmerung verblassen sämtliche Farben. Ein dunkler Schleier legt sich über die Welt. Manche Tiere können allerdings noch im schwachen Licht der Sterne Farben unterscheiden. Für einen Helmkopfgecko oder Labkrautschwärmer ist die Nacht ähnlich bunt wie der Tag.

Wer Farben sieht, dessen Netzhaut ist mit mehreren Arten von Sinneszellen ausgekleidet. So verfügt das menschliche Auge über drei verschiedene Typen farbempfindlicher Rezeptoren: die Zapfen. Sie sind für kurze, mittlere oder längere Lichtwellenlängen besonders sensibel, entsprechend den Farben Blau, Grün und Rot. Diese drei Messwerte werden über Nervenfasern ans Gehirn weitergeleitet und miteinander verrechnet. Nur wenn alle drei Zapfentypen gleichermaßen angeregt werden, setzt das Gehirn die Nervenimpulse zum Gesamteindruck Weiß zusammen.

Ein Helmkopfgecko sieht Tag und Nacht über seine farbtüchtigen Zapfen. Dagegen ist das menschliche Auge nur tagsüber aufs Farbensehen eingerichtet. Sobald es dunkel wird, werden alle Katzen grau. Denn nun kommen andere Sinneszellen als die Zapfen ins Spiel, die Stäbchen.

»Zapfen brauchen sehr viel mehr Licht als Sehstäbchen, um angeregt zu werden«, sagt der Biophysiker Ulrich Benjamin Kaupp, Direktor am Forschungszentrum Caesar in Bonn. »Deshalb ist nachts das Stäbchensystem aktiv.« Es gibt nur eine Art von Stäbchen. Diese sind extrem lichtempfindlich. Schon ein einzelnes Lichtteilchen, ein Photon, reicht aus, um ein Stäbchen zu reizen. Mehrere Stäbchen zusammen sorgen für eine Lichtwahrnehmung.

»Die Sehzelle registriert das Lichtsignal nicht bloß, sie verstärkt es«, so Kaupp. Zunächst fängt der Sehpurpur, der Farbstoff Rhodopsin, das Licht ein. Ein auf diese Weise angeregtes Farbstoffmolekül setzt eine Kaskade biochemischer Reaktionen in Gang. »Die Absorption von einem Photon wird letztlich in einen Spannungsimpuls von etwa einem Millivolt umgewandelt« – in ein elektrisches Signal, das stark genug ist, um über die Synapsen zum Gehirn weitergeleitet zu werden.

Die Empfindlichkeit der Stäbchen ist ähnlich beeindruckend wie die von Spermien, die einzelne Moleküle erkennen können und daraufhin ihre Schwimmrichtung ändern. Etwa 120 Millionen Stäbchen pro Auge – viel mehr als die rund 6 Millionen Zapfen – registrieren das Licht, das in der Dunkelheit durch Schlüssellöcher oder Ritzen einfällt. Sie liefern eine gute Hell-Dunkel-Information.

Das räumliche Auflösungsvermögen ist dagegen nachts schlecht, weil sehr viele Stäbchen zusammengeschaltet und mit ein und derselben Nervenfaser verbunden sind. Die Helligkeit wird also jeweils über einen größeren Bereich gemittelt. Besonders scharf sehen wir auf diese Weise nicht.

Warum haben Kometen einen Schweif?

Die »Anbetung der Heiligen Drei Könige« gehört zu jenen wunderbaren Fresken, mit denen der Maler Giotto in den Jahren 1304 bis 1306 die Scrovegni-Kapelle in Padua schmückte. In diesem Bildnis weist ein heller Schweifstern den drei Weisen aus dem Morgenland den Weg nach Bethlehem. Vermutlich stellte Giotto hier den berühmten Halleyschen-Kometen dar, den er kurz zuvor mit eigenen Augen gesehen hatte. Der Komet kehrt alle 76 Jahre zurück. Seit dem Jahr 240 vor Christus ist jede Wiederkehr von ihm dokumentiert.

Kometen laufen auf weiten Bahnen um die Sonne. Hale-Bopp zum Beispiel, der sich 1997 der Sonne näherte und ein beeindruckendes Gastspiel gab, wird erst in mehr als 2500 Jahren seinen nächsten Auftritt haben. Die meiste Zeit hält er sich in den kalten Außenregionen des Planetensystems auf. Dort draußen sieht man ihn nicht. Er bleibt unauffällig, weil er seinen Schweif abgelegt hat.

»Kometen bestehen vor allem aus Wassereis und Staub«, sagt Paul Hartogh vom Max-Planck-Institut für Sonnensystemforschung in Katlenburg-Lindau. Daher werden sie gerne als »schmutzige Schneebälle« bezeichnet. »Nähert sich ein Komet der Sonne, fängt er an auszugasen.« Der Kometenkern erwärmt sich, das Eis beginnt zu verdampfen.

Aus Spalten und Rissen in seiner Oberfläche schießen die Gase nun wie aus Geysiren heraus und reißen Staubpartikel mit sich. Sowohl die Gase als auch der Staub sammeln sich in einer Hülle um den Himmelskörper. Aus ihnen bildet sich nach und nach der Kometenschweif, der aus zwei Komponenten besteht: einem weißen Staubschweif und einem bläulichen Gasschweif.

Die Staubkörnchen sind winzig. Schon der geringe Druck, den das Sonnenlicht auf sie ausübt, genügt, um sie vom Kometen wegzublasen. Der Staubschweif zeigt daher von der Sonne weg. In ihm reflektieren mikroskopische Partikel das Sonnenlicht.

Der zweite Schweif leuchtet eher wie Gas in einer Neonröhre. Er wird unter Umständen noch länger als der Staubschweif: 100 Millionen Kilometer und mehr. Der Ursprung dieses feinen Gasschweifs ist mit dem UV-Licht der Sonne verknüpft. Die hochenergetische Strahlung kann Elektronen aus den in kleine Einheiten aufgespaltenen Gasmolekülen herausschlagen. So verwandelt sich das aus dem Kometen strömende Gas in ein Plasma aus elektrisch geladenen Partikeln. Sie entfernen sich ebenfalls vom Kometenkern. Der Sonnenwind trägt sie mit sich fort – eine Teilchenstrahlung, die unentwegt von der Sonne abströmt.

Warum hat der Saturn Ringe?

Die Welt als Scheibe. Ob man ferne Milchstraßen betrachtet, junge Sterne oder einen Planeten wie den Saturn – die Schwerkraft formt nicht nur kugelrunde Gebilde, sondern auch Scheiben, in denen Materie mit hoher Geschwindigkeit um eine zentrale Masse rotiert. So majestätisch der Saturn im Fernrohr erscheint, beim näheren Hinsehen löst sich seine Scheibe in unzählige Staubpartikel und vereiste Felsbrocken auf.

Dieses Rohmaterial kreist dicht gedrängt um den Planeten. Der reißende Materiestrom ist in Ringe unterteilt. Zwischen ihnen klaffen Lücken. In der Keeler-Lücke im A-Ring zum Beispiel zieht der nur acht Kilometer große Mond Daphnis seine Bahn. Im F-Ring halten die Monde Prometheus und Pandora die Partikel zusammen wie Schäferhunde eine Herde Schafe.

Die Saturnringe sind trotz ihrer harmonischen Anordnung kein Zen-Garten. Ständig kommt es zu Kollisionen. Nicht nur innerhalb der Ringe. Auch von außen können Asteroiden in Saturns Anziehungsbereich geraten. Etliche Forscher vermuten, dass die Ringe einst aus einem Mond hervorgegangen sind, der beim Zusammenstoß mit einem solchen Asteroiden auseinander brach.

»Auch der Saturnmond Mimas wäre beinahe schon mal auseinander gebrochen«, sagt Ralf Srama vom Max-Planck-Institut für Kernphysik in Heidelberg. Erkennbar ist dies an einem gewaltigen, zehn Kilometer tiefen Einschlagkrater. »Dieser Krater nimmt ein Viertel der Oberfläche des Mondes ein.«

Hätten die Trümmer eines Mondes von 400 Kilometern Durchmesser wie Mimas ausgereicht, um ein ganzes Ringsystem zu bilden? Vermutlich schon. Zwar haben die Saturnringe eine Ausdehnung vergleichbar mit dem Abstand zwischen Erde und Mond, aber Staub und Eisbrocken bewegen sich in einer sehr dünnen Scheibe. Sie ist im Mittel weniger als 100 Meter dick.

»Vielleicht sind die Ringe aber gemeinsam mit Saturn entstanden«, sagt Srama. Der Planet könnte die Materie schon in seiner Frühzeit eingesammelt haben. Noch heute umkreist sie den Planeten so eng, dass sie sich nicht zu einem Himmelskörper verdichten kann. In diesem Abstand zu Saturn würde jeder größere Mond auseinandergerissen. Denn die Gezeitenkräfte wären auf der dem Saturn zugewandten Mondseite viel stärker als auf der ihm abgewandten Hälfte.

Mimas und die inzwischen mehr als 60 bekannten Saturnmonde umkreisen den Planeten in sicherer Entfernung. Auch kleine »Schäferhundmonde« wie Prometheus und Pandora finden sich nur in den äußeren Ringen.

Warum starten Raketen senkrecht?

Treppensteigen ist mühsam. Hält aber fit. Im Laufschritt schaffen Sie drei Stufen pro Sekunde. Wenn Sie in dieser Zeitspanne ein Gewicht von 70 Kilogramm einen halben Meter hoch befördern, erstrampeln Sie eine Leistung von 350 Watt.

Jetzt denken Sie vielleicht: Wow! Damit könnte man ja die ganze Wohnung beleuchten! Aber heben Sie nicht gleich ab! Ein Jumbo legt beim Start zwar auch nur 15 Meter Höhe pro Sekunde zurück, bringt aber 350 Tonnen nach oben – macht: mehr als 50 Millionen Watt Leistung.

Womöglich denken Sie nun wieder: Wow! Aber auch der Jumbo kann die Erde nicht verlassen. Dazu braucht man eine Rakete. Die drei Triebwerke der Ariane-V erzeugen eine thermische Leistung von fast 40 Milliarden Watt.

Flugzeuge wie der Jumbo nutzen zum Fliegen genau wie Vögel den Auftrieb. Ihre Tragflächen müssen groß sein, aber auch gut geformt, um den Widerstand der Luft gering zu halten. Wenn Sie beim Autofahren die Hand fast waagerecht aus dem Fenster halten, spüren auch Sie den Auftrieb. Halten Sie sie senkrecht, bekommen Sie es mit dem Luftwiderstand zu tun.

Raketenbauer scheren sich nicht um den Auftrieb. Sie konstruieren Flugobjekte ohne Flügel. Raketen sehen aus wie Zigarren und starten senkrecht. Wieso?

»Um etwa eine geostationäre Bahn zu erreichen, muss die Rakete auf eine Höhe von 36 000 Kilometern kommen«, sagt Oskar Haidn, stellvertretender Leiter des Instituts für Raumfahrtantriebe am Deutschen Zentrum für

Luft- und Raumfahrt in Lampoldshausen. Flügel würden ihr nur auf den ersten Höhenkilometern nützen. Danach wird die Luft dünn und dünner, die Auftriebskraft kleiner und kleiner. Auf sie können Raumfahrtingenieure nicht setzen.

»Am besten bringt man den Bereich, in dem der Luftwiderstand die Geschwindigkeitserhöhung begrenzt, so schnell wie möglich hinter sich«, sagt Haidn. Auf diese Weise könne man die 28 000 Kilometer pro Stunde, die zum Verlassen der Erde erforderlich sind, am besten erreichen.

Auf Touren kommt eine Weltraumrakete dadurch, dass unten aus ihren Düsen Unmengen Verbrennungsgase ausströmen. Sie geben ihr den nötigen Schub nach oben. Besonders effektiv ist es, Sauerstoff und Wasserstoff in einer Brennkammer zusammenzubringen, in der sie heftig miteinander reagieren und ein heißes, rasch expandierendes Gas erzeugen. Denn entscheidend ist, was hinten rauskommt.

Eine Ariane-V-Rakete ist beim Start mehr als doppelt so schwer wie der Jumbo. Sie besteht fast ausschließlich aus Treibstoff. Die Nutzlast, die sie ins All bringt, macht nur ein bis zwei Prozent des Gewichts aus. Ihre Leichtbauweise birgt allerdings auch Gefahren. Schon ein kräftiger Seitenwind kann sie auseinanderreißen. Bei schlechtem Wetter haben Raketen daher Startverbot.

Warum bleiben Satelliten in der Umlaufbahn?
Hunde und Affen sind die wahren Pioniere der Raumfahrt. Am 31. Januar 1961 saß der Schimpanse »Ham« in einer fensterlosen »Mercury«-Kapsel und schoss von Cape Canaveral aus durch die Atmosphäre. Die Flugbahn glich der einer Kanonenkugel, denn die US-Sonde war zu langsam, um den Schimpansen in eine Erdumlaufbahn zu hieven. Nachdem er 250 Kilometer Höhe erreicht hatte, begann

»Ham« zu fallen und landete wenig später wohlbehalten im Meer.

Bereits im Sommer zuvor waren die Hunde »Belka« und »Strelka« gestartet – mit stärkerem Schub. In einem russischen »Sputnik«-Satelliten hatten sie den Globus 18 Mal umkreist und waren sicher zur Erde zurückgekehrt. Einen von »Strelkas« späteren Welpen machten die Russen der Tochter des US-Präsidenten John F. Kennedy zum Geschenk.

Der Weg ins All erfordert viel Energie. Nur wenn das Tempo beim Abschalten der Triebwerke hoch genug ist, erreicht ein Satellit eine Umlaufbahn und kann die Erde mehrfach umrunden. »Er braucht genügend Fliehkraft, um die Schwerkraft auszugleichen«, sagt Stephan Theil vom Institut für Raumfahrtsysteme des Deutschen Zentrums für Luft- und Raumfahrt in Bremen.

Für einen niedrig fliegenden Satelliten liegt diese Schwelle bei 28000 Kilometern pro Stunde, der »ersten kosmischen Geschwindigkeit«. Bei diesem Tempo tritt er in eine kreisförmige Erdumlaufbahn ein. »Bewegt er sich schneller, wird die Bahn elliptisch.« 40000 Kilometer pro Stunde sind erforderlich, um das Schwerefeld der Erde für immer zu verlassen.

Ein Satellit auf elliptischem Kurs ist dem Erdboden mal näher, mal ist er weiter davon entfernt. Zündet am fernsten Punkt ein weiteres Triebwerk, lässt er sich mit vergleichsweise geringem Aufwand in eine noch höhere Kreisbahn befördern. Auf diese Weise erreichen Satelliten den geostationären Orbit in 36000 Kilometern Höhe. Dort oben laufen sie synchron mit der Erdumdrehung. Vom Boden aus gesehen stehen sie fest am Himmel und können ein Gebiet dauerhaft mit Fernsehprogrammen versorgen. Ihre Bahn bleibt über Wochen stabil. Nichts bremst sie ab. Sie muss nur ab und an korrigiert werden, etwa wegen der störenden Anziehungskräfte von Mond und Sonne.

»Dagegen verlieren große, niedrig fliegende Satelliten durch die Reibung in der Atmosphäre schnell an Höhe«, so Theil. Die Internationale Raumstation zum Beispiel kreist in 350 Kilometern Höhe. Sie sinkt jeden Tag um Dutzende Meter und muss mehrmals im Jahr von Raumtransportern angehoben werden, damit sie dauerhaft oben bleibt.

Warum hat das Universum keine Mitte?

Schon ein bisschen Hefe reicht aus für einen großen Rosinenkuchen. Denn sobald die Hefepilze in Aktion treten, beginnt der Teig aufzugehen. Die Mikroorganismen ernähren sich von Zucker, produzieren Kohlendioxid, und das bläst die zähe Masse von innen heraus auf wie einen Ballon. Hat man die Hefepilze und ihre Nährstoffe durch ausreichendes Kneten gut im Teig verteilt, expandiert er von überall her. Jede Rosine im Kuchen entfernt sich daher von allen anderen.

Das Universum ist eine Art Hefeteig mit weit verstreuten galaktischen Rosinen. Eine davon ist unsere Heimat, die anderen Rosinen kann man nur mit Hilfe von Teleskopen ausmachen. Astronomen schauen sich diese fernen Galaxienhaufen an und gewinnen den Eindruck, dass sie sich alle von uns fort bewegen. Der Kosmos expandiert.

»Dabei sieht es so aus, also ob wir uns in der Mitte des Weltalls befänden«, sagt Günther Hasinger, ehemaliger Direktor am Max-Planck-Institut für extraterrestrische Physik in Garching. »Das ist ähnlich wie bei einer Fahrt auf dem offenen Meer, wenn der Horizont in alle Richtungen gleich weit weg ist. Man hat dann das Gefühl, in der Mitte der Welt zu sein.«

Und doch ist das, was Forscher durch ihre Teleskope beobachten können, winzig gegenüber dem, was außerhalb des sichtbaren Horizonts liegt. »Wenn Sie die Spitze einer Stecknadel im Vergleich zur Größe der Erde nehmen, liegen Sie immer noch um viele Zehnerpotenzen daneben«, so Hasinger.

Das Universum ist unvorstellbar groß. Es hat sich aus einem kleinen Hefeteig entwickelt, der seit 13,7 Milliarden Jahren immer weiter aufgeht. Beim Urknall blähte sich das All für kurze Zeit womöglich sogar mit Überlichtgeschwindigkeit auf: In Bruchteilen einer Sekunde dehnte es sich so dramatisch aus, dass die meisten Regionen heute in keiner Weise mehr kausal miteinander verknüpft sind. So ist der größte Teil des Universums für uns unsichtbar.

Wissenschaftler rätseln darüber, welche Kräfte die gewaltige Expansion ausgelöst haben könnten. Es ist, als hätte der Urknall, angetrieben von exotischen Hefepilzen, überall gleichzeitig stattgefunden. Die Ausdehnung des Alls hat keine Mitte. Zumindest nicht nach menschlichem Ermessen, das sich aus dem kosmischen Hefeteig nur dreidimensionale Rosinen herauspickt.

DANK

Mein Dank gilt den Forscherinnen und Forschern, die meine Fragen und Nachfragen – manchmal noch nach Feierabend – geduldig beantwortet haben. Sie haben zur Klärung vieler Rätsel beigetragen. Ich möchte auch Dr. Hartmut Wewetzer, Ralf Nestler und Kai Kupferschmidt für die Bearbeitung der Kolumnen und ihre Anregungen danken, zudem dem Piper Verlag und Barbara Wenner, ohne deren Hilfe das Buch nicht zustande gekommen wäre.